A FÍSICA E OS SUPER-HERÓIS

A CIÊNCIA EXPLICA AS HABILIDADES DOS PERSONAGENS
MAIS PODEROSOS DOS QUADRINHOS

VOLUME 3

Catalogação na Fonte
Elaborado por: Dayanne Leal Souza
Bibliotecária CRB 9/2162

C672f
2024

Coelho, Ronei
A física e os super-heróis - volume 3: a ciência explica as habilidades dos personagens mais poderosos dos quadrinhos / Ronei Coelho. – 1. ed. – Curitiba: Appris, 2024.
157 p. : il. color. ; 23 cm. – (Coleção Ensino de Ciências).

Inclui referências.
ISBN 978-65-250-6495-6

1. Física. 2. Super-heróis. 3. Ciência. 4. Educação. 5. Cultura popular. I. Teixeira, Antonia Benedita. II. Título. III. Série.

CDD – 530.07

Livro de acordo com a normalização técnica da ABNT

Appris editora

Editora e Livraria Appris Ltda.
Av. Manoel Ribas, 2265 – Mercês
Curitiba/PR – CEP: 80810-002
Tel. (41) 3156 - 4731
www.editoraappris.com.br

Printed in Brazil
Impresso no Brasil

Ronei Coelho

A FÍSICA E OS SUPER-HERÓIS

A CIÊNCIA EXPLICA AS HABILIDADES DOS PERSONAGENS MAIS PODEROSOS DOS QUADRINHOS

VOLUME 3

Curitiba, PR

2024

FICHA TÉCNICA

Dedico este livro aos meus pais, Sr. Altamir e Sra. Maurília, à minha esposa, Fernanda, e a todos os estudantes e profissionais de educação.

APRESENTAÇÃO

Personagens mais cultuados da cultura pop, os super-heróis há décadas vêm entretendo e ganhando novos fãs. Todo esse interesse parte, principalmente, das habilidades específicas de cada um, que desafiam as leis da ciência e mexem com a imaginação de seus admiradores. Quem, pelo menos por um instante, nunca sonhou em ter o superpoder de seu personagem favorito? Seja para adquirir algum benefício pessoal, seja por motivos mais altruístas, como resolver as mazelas que assolam o mundo. Muitos admiradores têm curiosidade de saber até que ponto tais habilidades teriam respaldo na ciência, logo na realidade. A série de livros *A Física e os Super-Heróis* se propõe a trazer algumas dessas respostas para a mente curiosa desses fãs. Este terceiro volume do livro traz a análise das habilidades de Aquaman, Namor, e os personagens com poderes elétricos Thor, Electro, Super Choque e Tempestade.

Nos Volumes 1 e 2, procurei trazer certa diversidade na representatividade dos personagens. As mulheres foram representadas por Susan Richards, a Mulher Invisível, Magneto foi o representante dos vilões, e Chapolin Colorado foi o personagem escolhido fora das duas grandes corporações, a DC Comics e Marvel Entertainment. Seguindo esse mesmo modelo, no terceiro volume, procurei trazer certa diversidade dos super-heróis escolhidos. Assim estão presentes personagens dos dois universos (Marvel e DC), Aquaman, Namor e Thor. O poder feminino vem muito bem representado com Tempestade, uma das mutantes mais poderosas do todo o universo dos X-Men. E o vilão da vez é Maxwell Dillion, que utiliza seus super poderes elétricos, sob a alcunha de Electro, para desafiar a vigilância do Homem-Aranha em Nova Iorque. Está presente, também, Virgil Hawkins, que marcou a infância de uma geração que acompanhava as aventuras do Super Choque em sua animação exibida em TV aberta, na primeira metade dos anos 2000. Assim como Tempestade, o personagem representa a necessária diversidade étnico-racial no mundo dos quadrinhos. Apesar de ter seus direitos adquiridos pela DC Comics, Super Choque foi criado pela Milestone Comics, uma editora independente na época, por isso a escolha para ser o representante dos personagens fora do eixo Marvel/DC.

Desejo a todas as mentes curiosas ótima leitura, boa diversão e muitos conhecimentos!

O autor.

SUMÁRIO

INTRODUÇÃO

Ao apreciarmos textos acadêmicos ou reportagens que abordam personagens da cultura popular por uma ótica das ciências naturais, é comum encontrarmos uma visão conservadora. Partindo do conhecimento científico, esses escritos fazem uma crítica aos poderes manifestados pelos super-heróis, como se fossem mera obra de ficção. Muitos criticam, até mesmo, seus criadores ou os roteiristas, acusando-os de não possuírem um conhecimento científico básico ao transgredirem as leis da natureza por intermédio da realização de proezas pelos personagens. Utilizam-se, por exemplo, da Física para afirmar que o Superman não poderia voar ou emitir feixes de raios X; falam da impossibilidade física para que o Flash corresse em altíssimas velocidades e que a Mulher Invisível não poderia ficar invisível se princípios físicos fossem respeitados. Ainda se utilizam da Biologia para afirmar a inviabilidade da existência do Hulk ou do Homem-Aranha. Mas qual fascínio esses personagens nos provocariam sem suas habilidades? São admirados, justamente, porque podem realizar feitos que nós, limitados pelos princípios da Física, Química e Biologia, não podemos. Superman se tornou um dos personagens mais populares do mundo, pois, entre outras coisas, pode realizar algo que desperta o encanto e é um dos desejos que, possivelmente, acompanha o início de nossa civilização, que é a capacidade de voar. Adverso a essa abordagem, o objetivo deste livro é falar de Ciências, em especial da Física, a partir dos poderes dos super-heróis. Discutir de que forma a Física enseja tais habilidades ou o que esses personagens deveriam possuir para que elas se manifestassem.

A Física e os super-heróis foi escrito pensando tanto no leitor que possui interesse em Ciências ou que é fã da cultura pop como nos colegas professores. Por conta disso, procurei abordar os conceitos científicos de forma simples e concisa, porém não menos aprofundados. Sou professor de Física do ensino médio desde 2005, e acredito que todos esses anos dedicados ao ensino para esse público desenvolveram em mim a aptidão de abordar temas complexos de formas simples, exatamente o que procurei realizar neste livro. Porém, se ainda assim algum leitor não muito familiarizado ficar preso em um conceito específico, não se desespere. Continue em seu ritmo de leitura, pois, mais adiante, as ideias poderão ficar esclarecidas. Se assim não for, dê uma pausa, reflita e retorne à leitura. A Matemática é uma ferramenta essencial para o ensino da Física, desse modo não se pode deixar de recorrer a ela. Como muitos não são inclinados aos cálculos, esses, sempre que necessários ao texto, são desenvolvidos à parte, em boxes muito úteis àqueles que queiram se aprofundar um pouco mais no desenvolvimento matemático e no tema abordado. Se esse não for seu caso, pode pular esses boxes sem prejuízo algum, pois são retomados e discutidos no texto os resultados alcançados.

Nas últimas décadas, o ensino escolar vem sendo criticado por conta de uma admissível baixa de qualidade. Isso tem levado os estudantes a terminar o ensino médio sem estarem preparados para o mercado de trabalho, para a universidade e para a vida. É natural que o ensino de Ciências reflita esse aspecto da educação brasileira. Devido ao pouco interesse dos estudantes pelas aulas tradicionais, muito se tem repensado o ambiente escolar para que seja um espaço que, além de trazer o conhecimento acumulado nas últimas décadas, atenda aos interesses e anseios dos jovens do século XXI. Em relação ao ensino de Ciências, um dos recursos muito difundido ao problema exposto é o da experimentação. Além desse, o professor de ciências, em especial o de Física, pode dispor de outras ferramentas para despertar o interesse dos estudantes pelo conteúdo apresentado. Acredito que esta obra poderá trazer uma contribuição ao ser utilizada como uma alternativa ao material didático. Os textos podem ser usados pelo professor que não somente se empenha em encontrar maneiras de descrever fenômenos complexos em termos mais simples para atingir a atenção de seus estudantes, como também procura uma alternativa para deixar suas aulas mais atrativas. Creio que a abordagem da Física, a partir da análise dos poderes dos super-heróis, proporciona uma aproximação da ciência com a cultura dos jovens. Isso pode facilitar uma possível conexão feita pelos estudantes entre os conceitos físicos e os poderes dos super-heróis, propiciando um ensino mais efetivo. Também traz o formalismo escolar para o mundo cotidiano dos estudantes de forma lúdica, contribuindo para o processo de ensino-aprendizagem. Ao analisar os poderes dos personagens a partir de uma perspectiva da ciência, procurei, sempre que possível, utilizar como exemplo cenas de filmes de super-heróis produzidos. Um dos propósitos é facilitar a utilização em sala de aula, aproveitando o significativo interesse que esses longas metragens despertam nos jovens.

O livro também dá sua contribuição à educação científica, tão importante em uma sociedade tecnológica, na qual não basta apenas saber ler e escrever, para ser um "cidadão tecnológico", é essencial também ser letrado em ciências. É o letramento científico que dá ao cidadão o conhecimento necessário para participar, de forma ativa e consciente, de questões científicas e tecnológicas na sociedade moderna. A educação científica pode ser realizada ao relacionar conceitos científicos ao cotidiano, tecnológico ou não (aqui o termo cidadão tecnológico não está relacionado àquele que consome tecnologia de ponta, mas ao cidadão inserido na moderna sociedade tecnológica, sem entrar na discussão de seu acesso aos bens de consumo).

O embrião da presente obra surgiu, em meados de 2020, durante o início do ensino remoto, que fez parte das medidas de isolamento social necessárias ao enfrentamento do SARS-CoV-2. Acreditando em uma breve normalidade do retorno do ensino presencial, comecei a preparar uma aula que falaria de alguns conceitos da Física a partir dos poderes de alguns super-heróis. Ao me aprofundar no tema, deparei-me com uma rica discussão, e surgiu a vontade de escrever um livro. Algumas das ideias aqui apresentadas fluíram em fóruns de debates acalorados sobre o que os heróis podem ou não fazer por uma ótica científica. Outras foram abordadas em reportagens e outros tipos de texto e aqui são aprofundadas.

Para quem não é familiarizado com os personagens apresentados, a cada início de capítulo é feito um breve relato sobre suas origens e seus poderes. É muito comum haver diversas versões sobre como se originou um personagem ou suas habilidades, que podem variar no decorrer das décadas ou pelo meio artístico em que a história é contada. Assim, é comum as origens dos personagens relatados pelas histórias em quadrinhos, desenhos animados e longas-metragens divergirem entre si. Nesta obra foi dada primazia aos relatos contidos nos quadrinhos. Na análise das habilidades dos super-heróis, sempre que possível, como já dito, são utilizadas cenas de filmes como alternativa ao uso do material pelos professores em sala de aula. Os capítulos são desenvolvidos em torno de tópicos que abordam uma habilidade específica do herói ou um conceito científico importante para a compreensão de seus poderes.

Este livro não é uma obra acabada, por isso apreciaria muito receber correções concernentes aos personagens ou aos conceitos científicos, comentários, ideias e sugestões, em relação tanto à parte científica como pedagógica, identificações de erros, tudo que possa ser usado para o aperfeiçoamento da obra. Será de grande utilidade, também, receber relatos dos colegas professores sobre a utilização do material em suas aulas. Qualquer contribuição pode ser enviada para o e-mail: roneicoelho@yahoo.com.br.

Ronei Coelho

CAPÍTULO 1

AQUAMAN E NAMOR

Aquaman foi criado pelo quadrinista estadunidense Paul Norris (1914-2007) e por seu compatriota, o editor Mort Weisinger (1915-1978). Estreou, em novembro de 1941, na *More Fun Comics*[1] #73. Sua origem já teve, no mínimo, três versões contadas nos quadrinhos. Numa delas, ele é fruto de um romance entre o faroleiro Tom Curry e Atlanna, princesa do reino subaquático de Atlântida. Nessa narrativa, a atlante faz visitas constantes ao mundo da superfície e, num dia de uma intensa tempestade, acidenta-se no mar sendo salva por Tom. Residente de um farol, ele a encontra inanimada na beira da praia e a leva para o local, onde fica aos seus cuidados. Durante a reabilitação, ambos vão ficando cada vez mais próximos até se envolverem num romance que leva à gravidez de Atlanna. Dessa gestação nasce Aquaman, que recebe como nome de batismo Arthur Curry. Atlanna mantém em segredo sua origem atlante, mas Arthur cresce e manifesta habilidades especiais, como respirar sob a água e se comunicar com animais marinhos, além de controlá-los telepaticamente. Isso faz com que Tom passe a suspeitar da origem da mulher, mas nunca a questiona, respeitando seu silêncio. Atlanna desenvolve uma doença terminal e, em seu leito de morte, revela a Tom sua origem e que é princesa herdeira do trono de Atlântida.

Após a morte da esposa, Tom se dedica a treinar seu filho para que controle seus poderes e possa utilizá-los em combate. Também o prepara para um dia assumir seu lugar no trono de Atlântida e se ver como o salvador dos oceanos, o rei dos Sete Mares. Ao se tornar adulto, Arthur decide deixar o farol e lutar para assumir seu lugar no reino de Atlântida. Em uma das versões de sua origem, isso ocorre após a morte do pai, assumindo a identidade de Aquaman. Ao lado de Superman, Batman e Mulher Maravilha, o herói é fundador da Liga da Justiça da América. Entre seus poderes, estão visão noturna, supervelocidade embaixo d'água, agilidade, reflexos sobre-humanos e cura.

---

[1] A *More Fun Comics* foi a primeira revista em quadrinhos a apresentar apenas histórias inéditas em vez de reimpressões de tiras de quadrinhos publicadas em jornais, o que era muito comum nas revistas da época. A antologia apresentou ao público vários personagens que se destacaram, como Arqueiro Verde, Superboy, Dr. Destino além do próprio Aquaman, sendo a primeira publicação da editora que mais tarde se tornaria a DC Comics.

Namor, o Príncipe Submarino, foi criado pelo cartunista estadunidense Bill Everett (1917-1973) e estreou comercialmente, em 1939, na *Marvel Comics #1*. Assim como Aquaman, sua origem também está atrelada à lendária Atlântida e é bem parecida com a do herói da DC Comics. O personagem é filho da princesa Fen, uma herdeira direta do trono de Atlântida que vai à superfície investigar intensos tremores na cidade submersa, os quais são causados por exploradores em viagem próximo à Antártida. A bordo do navio Oracle, a tripulação detona explosivos no gelo para abrir passagem para embarcação e, sem saber, acaba atingindo a cidade submersa. Usando uma poção que lhe permite respirar fora da água, Fen embarca no Oracle e decide investigar e tentar evitar novas detonações. A bordo, ela conhece Leonard Mckenzie, o capitão do navio, por quem se apaixona. Eles vivem um romance e decidem se casar ainda na embarcação. O pai de Fen, o rei Thakorr, suspeita que sua filha foi raptada e ordena um ataque ao Oracle. Achando que Mckenzie está morto, Fen retorna grávida à Atlântida. No reino submerso, ela dá à luz Namor, que na língua atlante significa "filho vingador". O nome é escolhido para representar todo ódio e ressentimento em relação ao povo da superfície aflorado no reino de Atlântida.

Os atlantes possuem como característica olhos negros, uma tonalidade azulada de pele e podem respirar debaixo d'água. Namor nasce branco, com olhos claros como o pai e um par de pequenas asas em cada calcanhar[2]. Essas não são herdadas de sua ancestralidade atlante, mas uma mutação que lhe concede a capacidade de voar, sendo o único de sua espécie a conseguir tal feito. Seus poderes também se assemelham aos de Aquaman, como visão noturna, supervelocidade embaixo d'água, agilidade, reflexos sobre-humanos e capacidade telepática. Às vezes herói, às vezes anti-herói, o Príncipe Submarino é o governante de Atlântida e luta com bravura para defender seu povo, nem que para isso tenha que atacar o mundo da superfície.

Ao fazer uma análise da ciência existente nos personagens Aquaman e Namor, faz-se necessário considerar uma significativa distinção entre ambos. Aquaman nasceu e cresceu em terra firme para depois se aventurar nos oceanos. Com isso, toda sua estrutura óssea e muscular, assim como seu organismo, estão adaptados à vida na superfície. Namor, ao contrário, nasceu no fundo dos oceanos e lá passou boa parte da vida, para depois andar sobre a terra. Com isso, seu organismo seria perfeitamente adaptado

[2] Como referências das asas nos calcanhares, os criadores de Namor podem ter se inspirado em Hermes, um dos deuses grego do Olimpo. Chamado de Mercúrio pelos romanos, é o deus da velocidade, do comércio, das estradas e protege os viajantes, mágicos e adivinhos. Como mensageiro do Monte Olimpo, em algumas ilustrações, Hermes é representado com sandálias aladas ou com asas que brotam diretamente dos tornozelos.

a viver nesse ambiente díspar e inóspito para boa parte dos seres que vivem em terra firme. Sem deixar de considerar essa significativa distinção entre ambos, será analisado um pouco da física que permite a esses heróis dominar tanto o ambiente aquático como o terrestre.

1.1 A LENDÁRIA ATLÂNTIDA

Atlântida teria sido uma lendária ilha, ou continente, localizada nas proximidades do Estreito de Gibraltar, um canal marítimo que separa África e Europa, berço de uma grande civilização em aproximadamente 9.600 a.C. Também chamada de "o continente perdido", tem origem conhecida nos escritos do filósofo grego Platão (428 a.C. - 348 a.C.) no século IV a.C. Caracteriza-se pelo grande poderio e desenvolvimento tecnológicos e pela riqueza de seu povo. Platão descreveu Atlântida como uma potência que conquistou partes da Europa Ocidental e África. Os atlantes foram um povo que se tornou imperialista e escravocrata. Após uma tentativa frustrada de invadir Atenas, enfrentaram a ira de Zeus e encontraram seu fim após o deus supremo da mitologia grega abater a ilha por um grande terremoto, fazendo com que afundasse no oceano.

Figura 1.1 – Representação de Atlântida, o continente perdido poderia estar situado entre África e Europa

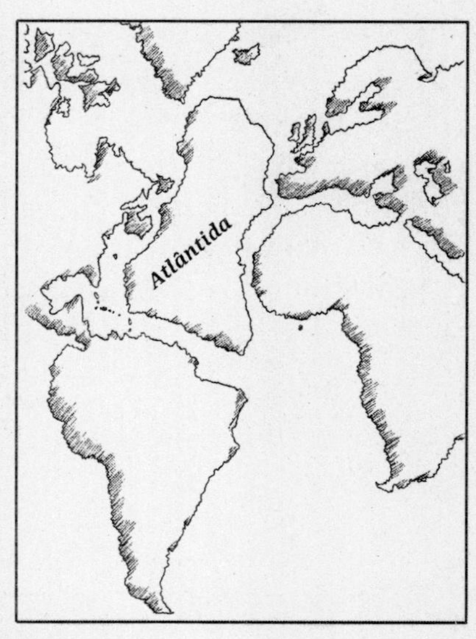

Fonte: ilustração de Letícia Machado

1.2 RESPIRANDO DEBAIXO D'ÁGUA

Nas histórias tanto da Marvel quanto da DC, os atlantes são povos que vivem nas profundezas dos oceanos com a habilidade de retirar da água o oxigênio necessário para sobreviverem. Aquaman, Namor e alguns poucos "bem-nascidos" associados à realeza[3] são os únicos atlantes que também conseguem respirar fora da água. Os demais necessitam usar trajes especiais, contendo água no interior de máscaras ou capacetes, ou ingerir pílulas, ou poções químicas, a fim de mudar a estrutura de seus corpos para que possam respirar ar. Sem isso, sufocam imediatamente.

A grande maioria dos organismos vivos necessita de oxigênio para sobreviver. O ar que respiramos é formado basicamente por oxigênio e nitrogênio. Ao chegar aos pulmões, nosso organismo retira o oxigênio necessário e libera gás carbônico e outros componentes que não são utilizados. Essa troca gasosa ocorre em pequenas estruturas pulmonares esponjosas ricas em vasos sanguíneos e muito parecidas com favos de mel chamadas de alvéolos (Figura 1.2). O ar misturado ao gás carbônico dissolvido é liberado para o ambiente por meio da expiração. O oxigênio dissolvido é levado pela corrente sanguínea para todas as células do organismo, realizando a respiração celular e garantindo a produção de energia para nosso corpo. Nós não podemos "respirar água" como os peixes, pois os alvéolos não conseguem retirar o oxigênio presente nela. A presença do líquido dentro dos pulmões dificulta as trocas gasosas com o ar ali existente, resultando em menos oxigênio no organismo e excesso de gás carbônico. A situação é agravada se a água nos pulmões estiver salgada. Ao inspirar a água do mar, o sódio presente nela se deposita nos alvéolos, atraindo para as estruturas celulares uma quantidade maior do líquido, intensificando a dificuldade das trocas gasosas. Nessas circunstâncias de afogamento, é essencial que a água seja retirada o quanto antes dos pulmões para que o processo das trocas gasosas seja restabelecido.

[3] No filme *Aquaman* (EUA, 2018), alguns atlantes, ao estarem fora d'água, conseguem respirar o ar, sendo essa, segundo a narrativa do filme, uma característica apenas daqueles associados à realeza ou que possuem certa proximidade a ela. Em referências a eles, é utilizado o termo estereotipado "bem-nascidos", sem relação com a realidade.

Figura 1.2 – Representação de um alvéolo pulmonar responsável por realizar trocas gasosas com os vasos sanguíneos, na qual o gás oxigênio passa para o sangue, enquanto o gás carbônico é liberado por ele

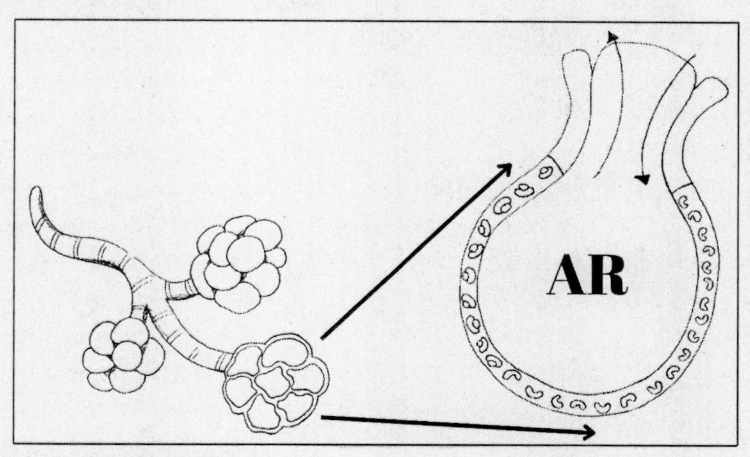

Fonte: ilustração de Letícia Machado

Os peixes retiram da água o oxigênio de que necessitam, e o órgão responsável por isso são as brânquias, formadas por uma grande quantidade de vasos sanguíneos. A molécula da água (H_2O) é formada por dois átomos de hidrogênio e um de oxigênio, mas não é desse oxigênio que os peixes se utilizam para respirar, e sim do gás oxigênio (O_2) dissolvido na água. A dissolução do oxigênio na água pode ocorrer de duas maneiras. Uma é a difusão[4] do oxigênio do ar atmosférico na água que ocorre de forma natural. A outra é por meio da fotossíntese realizada por microalgas existentes em abundância no mar chamadas de fito plâncton, que garantem a oxigenação da água. Ao entrar pela boca dos peixes, o líquido chega até as brânquias que realizam as trocas gasosas, absorvendo o oxigênio que será levado para todo o organismo do animal pela corrente sanguínea e liberando o gás carbônico. Essa água com o gás carbônico dissolvido é liberada por uma abertura que fica ao lado da cabeça dos peixes, chamada de opérculos, onde também se localizam as brânquias. Elas não foram adaptadas para retirar o oxigênio presente no ar, por isso os peixes não conseguem respirar fora da água. Existem algumas espécies que possuem tanto brânquias quanto pulmões, são os chamados pulmonados, como a piramboia, nativa na Amazônia. Essas espécies conseguem respirar dentro e fora d'água.

[4] Difusão é um processo físico em que substâncias são transportadas de uma região na qual se encontra em maior concentração para outra menos concentrada de maneira espontânea, até que se atinja um equilíbrio.

Também há algumas espécies de animais chamadas de anfíbios, que se caracterizam por terem duas fases de vida, a larval e a adulta. As espécies mais comuns no Brasil são os sapos, as rãs e as pererecas. Em geral, a primeira fase de sua vida é aquática, fazendo com que respirem por brânquias como os peixes. Ao crescerem, passam por um processo de transformação, chamado de metamorfose, e a respiração se desenvolve para pulmonar e/ou a chamada cutânea. Nessa última, as trocas gasosas ocorrem por difusão através da pele, altamente vascularizada. No processo da difusão, tem-se o oxigênio, em uma concentração maior no ambiente externo, entrando no corpo do animal, onde se encontra em menor concentração. Já o gás carbônico encontra-se em maior concentração no interior do corpo do animal, quando comparado com o ambiente externo, fazendo o caminho oposto e sendo expelido pela pele em direção ao ambiente. Para que essas trocas gasosas ocorram, a pele deve estar sempre úmida. Por esse motivo, é muito natural encontrá-los em ambientes úmidos como as florestas. Além disso, os anfíbios não ingerem água, ela também é obtida através da pele. Em algumas espécies anfíbias, a respiração cutânea complementa a pulmonar, outras possuem apenas a respiração cutânea. Ainda há as espécies anfíbias, como salamandras, que respiram através de uma membrana localizadas em sua boca, que é a responsável por realizar as trocas gasosas.

Nas histórias em quadrinhos, a habilidade de Namor e Aquaman de respirar acima e abaixo da água ocorre por serem espécies híbridas, meio-humano e meio-atlante. Mas quais seriam as estruturas presentes em seus corpos que lhe conferiram tal capacidade e como funcionaria o processo de respiração? As histórias em quadrinhos e o cinema já propuseram diferentes respostas para cada um dos personagens. Em relação a Namor, encontra-se algumas respostas no longa *Pantera Negra: Wakanda Para Sempre*[5]. No filme, os líderes de Wakanda lutam para proteger sua nação, após a morte do rei T'Challa, das investidas de invasão para a aquisição do vibranium e da invasão de Namor, o Príncipe Submarino. O longa apresenta uma nova versão para origem de Namor (interpretado pelo ator Tenoch Huerta Mejía). Em vez da lendária Atlântida, ele é príncipe de Talocan, uma cidade submersa fictícia inspirada na cultura mesoamericana, nomeada em homenagem a Tlālōcān, um paraíso na mitologia asteca. O próprio Namor conta a história de seu povo. Segundo ele, sua mãe era de uma tribo que viveu na região de Yucatán há 500 anos, onde hoje é o México. Os colonos espanhóis levaram

[5] BLACK PANTHER: WAKANDA FOREVER. Direção: Ryan Coogler. Estados Unidos: Walt Disney Studios, 2022. 1 DVD (162 min.).

guerra e doenças aos povos originários (aqui a ficção descreve a realidade histórica das colonizações) colocando em risco sua sobrevivência. Forçados a fugir, a mãe de Namor recolhe do fundo do oceano uma erva luminosa rica em vibranium, pois, segundo um xamã da tribo, a planta poderia salvá-los da selvageria dos colonizadores espanhóis. Ao tomá-la, tiveram seu DNA alterado e seus corpos adaptados para viver no mar. Ganharam maior resistência física e a capacidade de se comunicarem com as criaturas marinhas. Desenvolveram brânquias localizadas atrás de suas orelhas, que lhe concedem a capacidade de retirar o oxigênio que precisam da água. No entanto, perderam a habilidade de viver em solo e sob as águas fundaram a cidade de Talocan. Quando ingeriu essa erva especial, a mãe de Namor estava grávida e deu à luz ao herói no oceano. Como efeito colateral da planta, ele nasce um mutante entre seu povo, que possui como característica a pele azulada. Namor tem a pele morena, orelha pontuda e um par de asas em cada tornozelo, o que faz seu povo chamá-lo de K'uk'ulkan, o Deus Serpente Emplumado. Também é capaz de respirar em ambos os ambientes, sendo escolhido para liderar seu povo.

Ainda de acordo com o enredo do filme, utilizando-se de uma nova tecnologia para detectar vibranium no fundo do oceano, os Estados Unidos chegam perto de descobrir Talocan. Namor sente que seu povo está ameaçado e decide atacar o mundo da superfície e prender a cientista que desenvolveu tal tecnologia. Para tal intento, entra em contato com Wakanda e propõe uma aliança militar. A cientista que desenvolve a tecnologia capaz de detectar vibranium é a jovem Riri William (interpretada pela atriz Dominique Thorne), uma estudante genial do Instituto de Tecnologia de Massachusetts (MIT). A tribo, que dá abrigo a Riri, nega a aliança de guerra, e em resposta Namor lidera seu povo contra Wakanda, reivindicando a vida da jovem.

Em *Pantera Negra: Wakanda para sempre*, percebe-se uma preocupação em apresentar uma explicação para a capacidade do povo de Talocan de respirar embaixo d'água, que foram as brânquias concedidas pela planta mágica. Com isso, os talokanils[6] devem ingerir água pela boca, que, conduzida até as brânquias, retiram o oxigênio necessário. Sabe-se que uma mutação genética, como a necessária para o surgimento das brânquias, não ocorre de forma imediata. Desse modo, é preciso recorrer à capacidade mágica da planta de conceder instantaneamente brânquias para aqueles que a ingerirem. Porém, como Namor nasceu após sua mãe ingerir a erva, é até aceitável que

[6] Os habitantes da fictícia Talokan são aqui chamados de *talokanils*.

tenha apresentado essa mutação genética. Embriões humanos passam por um estágio de desenvolvimento em que surgem fendas e arcos nos pescoços (Figura 1.3) idênticos às fendas branquiais existentes nos peixes.[7] Porém, logo desaparecem para dar lugar a partes de nosso sistema respiratório, como partes da laringe e ossos do ouvido e garganta.[8] Acredita-se que, durante seu processo de desenvolvimento embrionário, de alguma maneira, Namor, assim como os demais talokanils nascidos após a ingestão da planta, teve essas brânquias desenvolvidas com seu sistema respiratório.

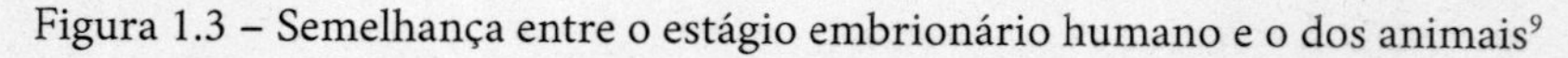

Figura 1.3 – Semelhança entre o estágio embrionário humano e o dos animais[9]

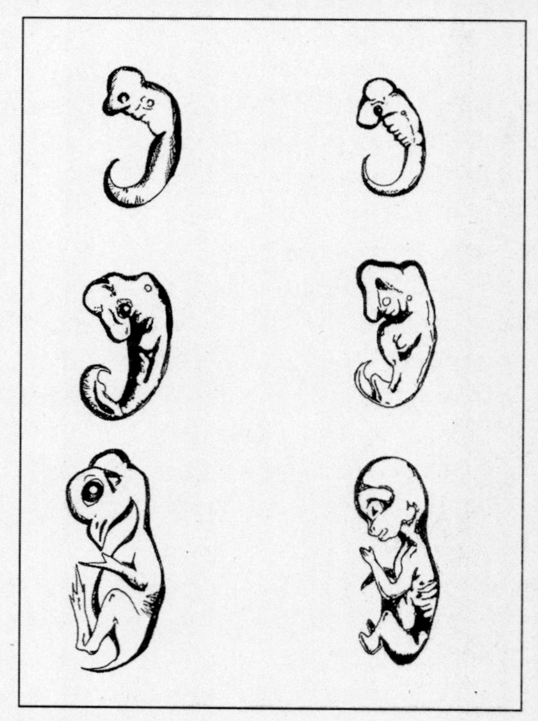

Fonte: ilustração de Letícia Machado

[7] Ver: Ontogenia e Filogenia-Aprendendo sobre filogenia a partir da ontogenia. Disponível em: http://ecologia.ib.usp.br/evosite/evo101/IIIC6aOntogeny.shtml. Acesso em: 1 jan. 2024.

[8] ...As pessoas respirassem debaixo d'água? *Superinteressante*, 2016. Disponível em: https://super.abril.com.br/ideias/as-pessoas-respirassem-debaixo-dagua. Acesso em: 1 jan. 2024.

[9] Os peixes possuem fendas laterais próximas à cabeça que permitem a circulação de água para oxigenar as suas brânquias. Tais estruturas, chamadas arcos e fendas branquiais, também aparecem nos primeiros estágios de embrião de todos os vertebrados, como as galinhas e os seres humanos. Durante o desenvolvimento embrionário, essas estruturas desaparecem para dar lugar a partes de nosso sistema respiratório, como partes da laringe e ossos do ouvido e garganta.

Aceitando que Namor possui brânquias, resta uma explicação de sua capacidade anfíbia, e é justamente essa narrativa que o filme traz. Conta-se que Namor retira o oxigênio do ar através da pele, por difusão. A revelação é feita em um diálogo entre Shuri (interpretada por Letitia Wright), irmã do T'Challa, que assume o trono após a morte da mãe, e Riri William. A princesa Shuri apresenta o seguinte argumento:

"Vários organismos não precisam de guelras para extrair oxigênio da água... é como uma água-viva. Ele absorve o oxigênio pela pele, num processo chamado de difusão."

Apesar de Shuri citar a água-viva, Namor respira fora da água como os anfíbios e, assim como eles, necessita que sua pele esteja sempre umedecida para que ocorram as trocas gasosas. Assim, a princesa descobre como derrotar Namor, ou seja, secando sua pele. Em outro diálogo, ela revela:

"Ele respira o ar e absorve oxigênio através da água da pele. Se conseguíssemos secar seu corpo, ele não ficaria tão forte."

Sabendo que poderia usar a respiração cutânea de Namor para derrotá-lo, Shuri tenta prendê-lo em uma câmera de evaporação, onde poderia desidratá-lo e eliminar a água de sua pele. O plano é frustrado, e na sequência Shuri leva Namor para um local desértico, relativamente longe de água, onde consegue ter êxito em seu intento. O Sol seca a umidade da pele de Namor, fazendo com que ele perca sua "força". Após ter a pele queimada por restos da nave, e sem conseguir chegar até a água do mar para hidratá-la, o príncipe é facilmente derrotado pela princesa.

Ao contrário de Namor, Aquaman não apresenta a respiração cutânea, e isso fica claro em uma cena do filme *Aquaman*[10] (2018). Nela, o herói (interpretado pelo ator Joseph Jason Namakaeha Momoa) caminha por horas no deserto ao lado da princesa Mera (interpretada pela atriz Amber Laura Heard) tentando encontrar o lendário tridente perdido de Atlan. Aquaman não apresenta a apreensão de ter sua pele seca pelo Sol, deixando claro que pode respirar o ar pelo pulmão. O questionamento que pode ser feito, então, é como o herói consegue respirar embaixo da água. Em sua história original, de forma até singela, seu pai encontrou métodos secretos para ensiná-lo a extrair oxigênio da água[11] e, em algumas versões, chegou, até mesmo, a

[10] AQUAMAN. Direção: James Wan. Estados Unidos: Warner Bros. Pictures, 2018. 1 DVD (143 min).

[11] Em sua revista de estreia, o próprio Aquaman atribui a seu pai, um cientista obstinado por Atlântida e suas histórias, seus poderes. Segundo seu relato, seu pai foi o responsável por descobrir uma cidade antiga nas profundezas onde nenhum outro mergulhador jamais havia penetrado. O cientista acreditava que era o reino perdido da Atlântida, onde fez para si uma habitação à prova d'água em um dos palácios e por lá passou boa parte de sua vida, estudando os registros e artifícios dos que lá viviam. Dos livros, ele aprendeu maneiras de ensinar Aquaman a viver sob o oceano, extraindo oxigênio da água e usando todo o poder do mar para tornar-se forte e rápido. Com treinamento e centenas de segredos científicos, tornou-se um ser humano que vive e prospera debaixo d'água.

possuir guelras. Em outras conjecturas, foi apresentada a possibilidade de Aquaman prender sua respiração enquanto está embaixo d'água. Essa teoria até faz sentido, pois, com a técnica correta e muito treino, é possível ficar um bom tempo sem respirar embaixo d'água. Para isso, é preciso fazer com que o corpo diminua a frequência cardíaca e o metabolismo para conservar oxigênio e energia quando submerso, tal técnica é chamada de mergulho em apneia. O recorde mundial de tempo embaixo d'água sem respirar é de 24 minutos e 37 segundos, batido pelo croata Budimir Šobat em 27 de março de 2021.[12] No Sudeste Asiático, o povoado Baju, tradicionalmente nômade e marítimo, que sobrevive coletando crustáceos do fundo do mar, pode ficar até 13 minutos embaixo d'água sem respirar.[13] Com esses exemplos, é possível aceitar que Aquaman fique momentaneamente sem respirar ao estar na água. Porém, nos casos apresentados, as pessoas dominam uma técnica específica e reduzem ao máximo a atividade corporal, consequentemente o consumo de oxigênio pelo organismo. Isso não é feito por Aquaman, que pode nadar em altíssimas velocidades e travar violentas batalhas no fundo do Oceano. No próprio filme *Aquaman* (EUA, 2018), nos é revelado que o herói pode respirar embaixo d'água. Numa determinada cena, estão bebendo em um bar ele e seu pai (interpretado pelo ator Temuera Derek Morrison), quando o herói afirma em um diálogo descontraído entre ambos:

"*Mesmo eu respirando debaixo d'água, você consegue beber mais que eu?!*

O diálogo deixa claro que o herói tem a capacidade de respirar sob a água utilizando-se dos pulmões, assim como os demais atlantes. No filme, pode-se concluir que os pulmões dos moradores de Atlântida podem retirar da água, e não do ar, o oxigênio do qual necessitam para viver. Nota-se isso nas cenas em que, todas as vezes em que os atlantes estão fora da água e sem seus trajes de proteção, começam a expelir água dos pulmões, passando a ficar sufocados pelo ar. Isso só não ocorre com Aquaman e os demais atlantes que fazem parte da nobreza ou que estão fortemente ligados a ela. Apenas esses possuem um sistema respiratório altamente eficiente permitindo que retirem oxigênio tanto do ar como da água.

Um dos problemas de retirar da água o oxigênio necessário para a respiração é que a concentração de gás nela dissolvido é muito baixo. No ar respirado, pode haver uma concentração de oxigênio 20 ou 25 vezes

---

[12] 56-year-old freediver holds breath for almost 25 minutes breaking Record. Disponível em: https://www.guinnessworldrecords.com/news/2021/5/freediver-holds-breath-for-almost-25-minutes-breaking-record-660285. Acesso em: 1 jan. 2024.

[13] Ver "O povo asiático que evoluiu um órgão do corpo para mergulhar melhor". Disponível em: https://www.bbc.com/portuguese/geral-43868305. Acesso em: 1 jan. 2024.

maior que na água. Os animais marinhos que respiram pelas brânquias são animais de sangue frio, cuja temperatura corporal varia de acordo com a temperatura ambiente. Desse modo, não necessitam queimar energia para produzir calor para aquecer seus corpos, o que leva a uma maior economia de oxigênio. Possuem ainda um metabolismo bastante desacelerado, fazendo-se necessária uma quantidade bem menor de oxigênio para sobreviverem, gastando menos energia para isso. Considerando que os atlantes possam "respirar água" pelos pulmões, ainda haveria outra objeção. Com a baixa concentração de oxigênio na água, mesmo que seus alvéolos pudessem absorvê-lo, essa quantidade seria muito pequena e, para compensar, teriam que respirar água, aproximadamente, 20 vezes mais, com um consequente acréscimo no gasto de energia. Porém, talvez, exista uma solução para isso.

No ano de 2015, a imprensa noticiou que pesquisadores da universidade de Syddansk, localizada na Dinamarca, desenvolveram um composto capaz de absorver e armazenar oxigênio em uma concentração quase 160 vezes maior do que a atmosfera.[14] Batizada de "cristal do Aquaman", ele liberaria o oxigênio ao ser exposto a uma pequena quantidade de calor e poderia repor esse oxigênio liberado absorvendo o existente na água. O objetivo do estudo era para que pudesse ser usado nos equipamentos de mergulho, substituindo os pesados cilindros de oxigênio. Um dos obstáculos para a conclusão do produto são os valores bastante elevados do composto e de seu processo de produção, o que inviabiliza sua fabricação em grande escala. Também existem pesquisas em andamento para a chamada *respiração líquida*, que é a inalação de um determinado líquido rico em oxigênio, em vez da inalação do ar. Como já visto, o ser humano se afoga, pois os pulmões não conseguem retirar oxigênio da água. Os cientistas estão estudando um líquido chamado de perfluorocarbono (PFC), um hidrocarboneto fluorado sintético com alta capacidade de retenção de oxigênio e gás carbônico. O propósito desse estudo é preencher o pulmão com esse líquido e, ao invés de os alvéolos retirarem dele o oxigênio, o líquido é que liberaria o gás e absorveria o CO_2 da corrente sanguínea. A objeção encontrada pelos cientistas é a alta viscosidade do líquido que dificulta sua circulação pelo pulmão.

Apesar das dificuldades, a ciência continua pesquisando alternativas para que um dia se possa respirar algo para além do ar. Não podemos duvidar da capacidade humana para isso. Até o início do século XX, não poderíamos imaginar que um dia mergulhadores pudessem explorar as

[14] Respire embaixo d'água com o "cristal do Aquaman". *Exame*, 2015. Disponível em: https://exame.com/ciencia/respire-embaixo-d-agua-com-o-cristal-do-aquaman/. Acesso em: 1 jan. 2024.

profundezas do oceano usando cilindros de oxigênio. Assim, quem sabe um dia se utilize respiração líquida ou de cristais para que se possa respirar enquanto se passa um tempo considerável embaixo d'água. Tanto os atlantes como os talokanils são descritos como povos mais avançados tecnologicamente que nossa civilização. Possivelmente, essa técnica possa ser dominada juntamente com a respiração fora d'água. Dessa maneira, mesmo que Aquaman tivesse pulmões humanos, ele poderia ser o rei dos oceanos usando essa tecnologia atlante.

1.3 SUPORTANDO INTENSA PRESSÃO

A atmosfera terrestre é formada por moléculas de gases, além de outras partículas em suspensão. Devido à força de atração gravitacional, seu peso exerce uma pressão sobre a superfície terrestre, como em qualquer corpo que esteja sobre ela. Essa pressão, chamada de pressão atmosférica, é a força por unidade de área exercida pela atmosfera. A pressão atmosférica também está relacionada às colisões que as moléculas dos gases presentes na atmosfera exercem sobre os corpos. Seu valor varia de acordo com a altitude do local em que se faz a medida (Figura 1.4). As unidades mais utilizadas para medi-la são atmosfera (atm) e pascal (Pa), que compõem o Sistema Internacional de Unidades. O valor da pressão atmosférica, ao nível do mar, é definido como 1 atmosfera (1 atm), o equivalente a $1{,}01.10^5$ Pa ou, mais precisamente, 101.325 Pa. No topo do Monte Everest, quase 9.000 km de altitude, o valor da pressão atmosférica cai para apenas 0,3 atm. Cada 1 Pascal de pressão equivale a 1 Newton (N) de força aplicada a cada 1 m^2 sobre um corpo que esteja submetido a essa pressão. Assim, pode ser dito que a pressão atmosférica, ao nível do mar, é equivalente a uma força de 101.325 N, atuando em cada metro quadrado da superfície de um corpo. Isso equivale a uma massa de 10.132,5 kg de ar sobre cada m^2. A área da superfície do corpo de uma pessoa adulta é de, aproximadamente, 1 m^2, com isso, ao nível do mar, uma pessoa suportaria uma força de cerca de 101.325 N sobre seu corpo, relativo à pressão atmosférica. Seria como se dez elefantes de uma tonelada cada um estivessem sobre alguém. Mas por que não se sente o peso de dez elefantes esmagando nosso corpo?

Figura 1.4 – Quanto mais próximo do nível do mar, maior a pressão atmosférica sobre os corpos[15]

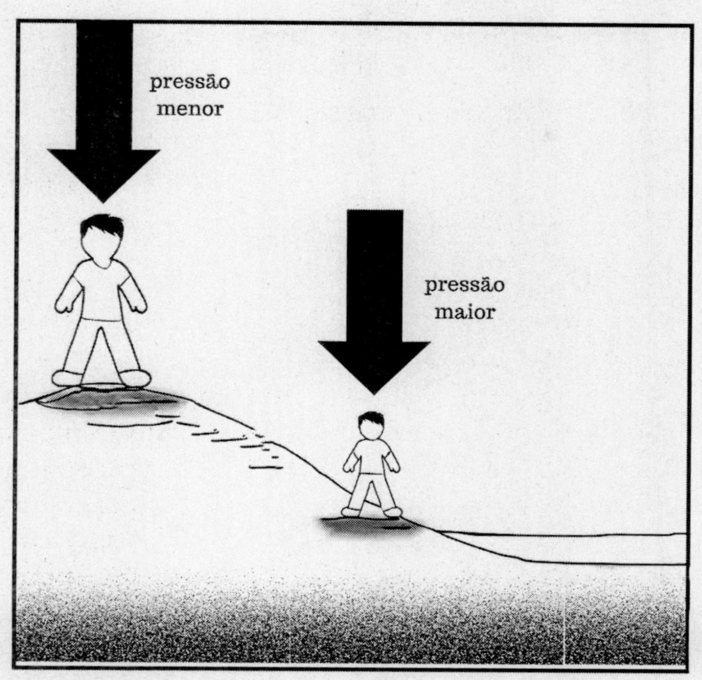

Fonte: ilustração de Letícia Machado

A unidade Pascal é uma homenagem ao físico e matemático francês Blaise Pascal (1623-1662) por suas contribuições à mecânica dos fluidos e aos trabalhos realizados relativos ao estudo da pressão. Nesses estudos, ele notou que qualquer variação na pressão, num determinado ponto em um fluido, é repassada integralmente para todos os seus pontos e atuará em todas as direções. Logo, os fluidos no interior de nosso corpo estarão sempre com a mesma pressão do local onde nos encontramos. Assim, a força exercida pela pressão atmosférica sobre um determinado corpo se equilibrará com a força que a pressão no interior desse corpo exerce de dentro para fora por intermédio dos fluidos (Figura 1.5). Com essa igualdade entre as pressões, elas se equilibram impossibilitando que seja esmagado pela pressão atmosférica.

[15] A pressão atmosférica é a força que as moléculas dos gases presentes na atmosfera exerce sobre a superfície da Terra e sobre todos os corpos. Essa pressão não é igual em todos os locais do planeta; entre outros fatores, varia com a altitude. Quanto mais próximo do nível do mar, maior será essa coluna de ar atmosférica, portanto maior será a pressão. À medida que subimos no relevo, essa coluna de ar diminui, diminuindo o valor da pressão atmosférica

Figura 1.5 – A pressão atmosférica age em todas as direções sobre os corpo, por isso não se é esmagado por ela.[16]

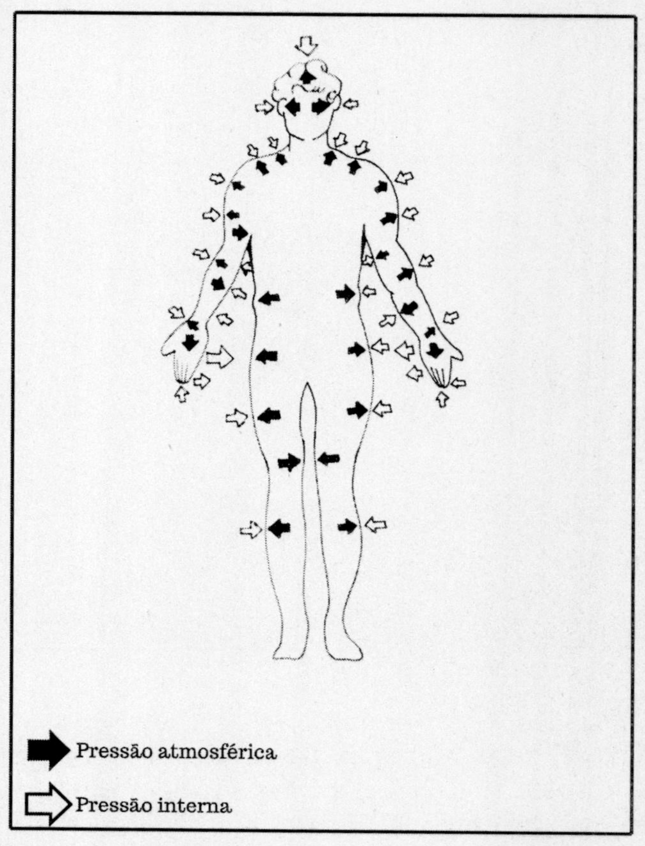

Fonte: ilustração de Letícia Machado

Têm-se vários exemplos no cotidiano em que se utiliza a variação na pressão entre dois pontos determinados, como para sugar um líquido por um canudo. Ao fazer isso, o ar que estava dentro do canudo é retirado, criando um ambiente de baixa pressão em relação à pressão externa. Com essa diferença entre as pressões, a externa força o líquido no copo, como se o empurrasse para ocupar o espaço de baixa pressão no interior do canudo

[16] Os seres vivos não são esmagados pela pressão atmosférica porque ela age em todos os sentidos sobre os corpos: de cima para baixo, de baixo para cima e pelos lados. Além disso, o ar entra nos pulmões dos seres vivos, permitindo o equilíbrio do corpo com o ar que lhe envolve. Isso possibilita a igualdade da força que a pressão no interior desse corpo exerce de dentro para fora por intermédio dos fluidos, com a força externa que age em sentido aposto.

e no interior da boca. A pressão atmosférica também é responsável pela dificuldade que se tem de abrir a porta da geladeira imediatamente após ser fechada. Quando está aberta, o ar ambiente em maior temperatura entra no aparelho. Em seu interior, esse ar é resfriado e contraído com a diminuição de sua pressão. Desse modo, a pressão interna fica inferior à pressão atmosférica, e o próprio ar ambiente pressiona a porta contra o refrigerador, dificultando sua abertura. Como existem minúsculas aberturas na borracha de vedação da porta, o ar ambiente acaba entrando e igualando a pressão interna com a externa, facilitando a abertura após certo tempo.

A pressão que um fluido (líquidos e gases) exerce sobre um corpo está relacionada com sua densidade, a altura da coluna do fluido sobre o corpo e a aceleração da gravidade. Sendo dada por:

$$\boxed{P = \rho g h} \qquad (I)$$

em que

P→ pressão exercida por um fluido;

ρ→ densidade do fluido (kg/m^3);

g→ aceleração da gravidade;

h→ altura da coluna do fluido sobre o corpo ou a profundidade que esse se encontra em relação à superfície do fluido.

Quando um corpo encontra-se imerso em um fluido, como na água, a pressão total (P_{total}) exercida sobre ele é acrescida da pressão atmosférica (P_{atm}), o que é conhecido como Lei de Stevin. Simon Stevin (1548-1620) foi um engenheiro e físico nascido na Bélgica, e seus estudos foram muito importantes para que se entendesse a natureza dos fluidos. De acordo com seu princípio, tem-se:

$$\boxed{P_{total} = P_{atm} + \rho . g . h} \qquad (II)$$

Pela equação II, pode-se determinar a pressão exercida pelas águas do oceano sobre os corpos que estão nele mergulhados. Veja no Quadro 1.1 como essa pressão varia com a profundidade. Quem não tem interesse nos cálculos pode pular os quadros onde são desenvolvidos, após será retomado um resumo dos resultados nele alcançados.

Quadro 1.1

Suponha que um mergulhador esteja a um metro dentro das águas do mar. Nessa profundidade, o peso da massa de água acima exerce uma pressão sobre ele, que pode ser calculada pela equação I. Nela será adotada para a água do mar a densidade aproximada de $\rho = 1{,}0.10^3$ kg/m^3, para aceleração da gravidade[17] seu valor aproximado, ao nível do mar, é de 10 m/s^2, e a letra "h", a profundidade na qual se encontra o mergulhador, que é a altura da coluna da água que está sobre ele. Substituindo esses dados em (I), tem-se:

$$P = 1{,}0.10^3.10.1 = 10.10^3$$

$$P = 1{,}0.10^4\ Pa\, ou\, 0{,}1 atm$$

Acrescentando o valor da pressão atmosférica, a pressão total atuando sobre o mergulhador será (equação II):

$$P_{total} = 1 + 0{,}1 = 1{,}1 atm$$

Suponha agora que esse mergulhador esteja a uma profundidade *h* de 10 m. A pressão exercida sobre ele por essa coluna de água de acordo com a equação (I) será:

$$P = 1{,}0.10^3.10.10 = 100.10^3 = 10^2.10^3$$

$$P = 1{,}0.10^5 Pa = 1 atm$$

A dez metros de profundidade, a água do mar exercerá sobre o mergulhador uma pressão de 1 atm. Nesse ponto, de acordo com a equação (II), a pressão total sobre o mergulhador será de 2,0 atm.

A relação anterior nos diz que, a cada dez metros de profundidade, a pressão aplicada pela coluna da água sobre o corpo imerso aumenta em 1,0 atm. Por exemplo, a 30 m de profundidade a pressão exercida será igual à pressão exercida pela coluna de 30 m de água (3,0 atm) mais 1,0 atm de pressão atmosférica, sendo a pressão total de 4,0 atm.

A cada 10 m em direção ao fundo do mar, a pressão aumenta em 1,0 atm por conta do peso da água acima. A 30 m de profundidade, as águas do mar exercerão uma pressão de 3,0 atm. A 100 m de profundidade, são 10 atm; a 1 quilômetro a pressão é superior a cem vezes a pressão atmosférica. Ao estar imerso no mar, conforme a pressão externa sobre um mergulhador aumenta, todas as partes de seu corpo passam a sofrer

[17] A aceleração da gravidade na Terra ao nível do mar e à latitude de 45° possui o valor aproximado de 9,80665 m/s². Aqui está sendo adotado seu valor aproximado de 10 m/s² para facilitação dos cálculos.

progressivamente uma compressão. Uma das consequências disso é que o coração terá que fazer um esforço muito maior para levar o sangue por toda a extensão do corpo. O pulmão também é afetado com o aumento da pressão. O volume ocupado por um gás é inversamente proporcional à pressão que está sendo aplicada sobre ele. Quanto maior a pressão, menor o volume. Na pressão de 1,0 atm, a capacidade pulmonar é de cinco litros e meio de ar. Se a pressão dobrar, a capacidade pulmonar cai pela metade, ou seja, os pulmões passam a comportar um volume menor de ar. A 20 m metros, a capacidade dos pulmões é reduzida ainda mais, e o aumento na pressão faz uma pessoa submersa sentir uma forte compressão no peito, além de prejudicar a capacidade de respirar. Para mergulhos recreativos, é aconselhado aos mergulhadores irem até 18 m de profundidade, podendo chegar a 40 m para mergulhadores muito bem treinados e com a técnica correta. Porém, respirando por brânquias, isso não seria um problema para Namor. E, como Aquaman possui a capacidade de encher seus pulmões com a água do mar para respirar, isso igualará a pressão no interior dos pulmões com a pressão externa, mantendo sua capacidade de respiração inalterada.

O Estreito de Gibraltar, local onde supostamente abrigou Atlântida, possui uma profundidade máxima próxima de 1.000 metros. Se o povo atlante vivesse a essa profundidade, suportaria uma pressão de aproximadamente cem vezes a pressão atmosférica. Se a lendária cidade estivesse ao fundo do oceano Atlântico a mais de 8 mil metros de profundidade, estaria submetida a uma pressão 800 vezes maior que a atmosférica. Ou, se a mítica cidade estivesse localizada nos confins da Fossa das Marianas, o ponto mais profundo do Oceano, localizado no Oceano Pacífico Ocidental, a pressão exercida sobre a cidade seria mil vezes a pressão atmosférica, o que impossibilitaria a vida da maioria das espécies aquáticas. Os animais que habitam essas regiões possuem adaptações que permitem sua sobrevivência na pressão extrema das zonas abissais, mas, para qualquer humano exposto sem proteção a pressões de tamanha intensidade, o organismo entraria em colapso e seria completamente esmagado.

Assim como os kryptonianos tiveram que se adaptar à intensa força gravitacional de seu planeta, o que supostamente lhes garantiu seu vigor físico,[18] ocorreu com o povo atlante vivendo no fundo dos oceanos. Para

[18] No tópico "Poderes na gravidade da Terra", no capítulo destinado ao Superman em *A Física e os Super-Heróis Vol. 2*, especula-se que uma das causas da intensa força física apresentada pelos kryptonianos na Terra é por serem originários de um planeta possuidor de uma gravidade muito maior que a terrestre. Sugere-se essa leitura para uma maior compreensão.

resistir às pressões extremas, os atlantes tiveram que desenvolver toda uma estrutura óssea e um sistema muscular denso o suficiente para suportar essa sobrecarga atuando em cada centímetro de seus corpos. Isso daria, além de força física, uma resistência incrível não apenas a Namor, que nasceu e cresceu no fundo dos oceanos, mas também para qualquer atlante, sem deixar nada a dever a qualquer kryptoniano. Por isso, é comum observar Namor demonstrando-a: erguendo navios, prédios ou até destruindo cidades inteiras, a depender de seu humor. No caso de Aquaman, que nasceu e cresceu em terra firme, seus ossos, musculatura e organismo estão adaptados à pressão terrestre. Ele teria muita dificuldade de suportar as intensas pressões nas profundezas oceânicas, a não ser que tenha herdado de sua mãe as características genéticas responsáveis para lidar com pressões intensas.

1.4 SER À PROVA DE BALAS

A origem da superforça dos heróis aquáticos pode estar na adaptação de seus corpos ao fundo dos oceanos. Viver em um ambiente com pressão centenas de vezes maior que a pressão atmosférica teria garantido a Namor tamanha resistência e vigor físico. Além disso, para que sua pele pudesse suportar toneladas de água, poderia ter se adaptado e adquirido resistência quando submetidas às pressões intensas. Aquaman, que nasceu e cresceu em terra firme, pode ter herdado essas características de sua ancestralidade atlante. Talvez isso tenha dado à superfície da pele dos heróis a densidade necessária para resistir a golpes de espadas e facas ou a rajadas de bala à queima roupa, que podem imprimir pressões de 150 a 220 vezes à pressão atmosférica, garantindo-lhes certa invulnerabilidade. Sem conseguir feri-lo gravemente, como penetrando em sua pele, essas armas deixam no máximo alguns arranhões. Qualquer atlante poderia ser invulnerável às armas brancas e de fogo humanas, pois a pressão que essas aplicam em chocar-se com uma superfície é bem menor que a pressão suportada no fundo do oceano. Só se lamenta pelas enfermeiras que cuidavam de Aquaman nas consultas médicas quando criança, pois havia muita dificuldade em aplicar nele injeção, pois não teria agulha que resistisse a uma pele tão rígida.

Figura 1.6 – Adaptado a grandes pressões características das profundezas oceânicas, a pele dos atlantes seria densa o suficiente para lhe garantirem certa invulnerabilidade

Fonte: ilustração de Letícia Machado

1.5 O MAL DOS MERGULHADORES

Imagine uma pessoa ao sol, numa praia, que decide fazer um mergulho recreativo. Vestindo sua roupa de mergulho, equipa-se da máscara, pé de pato, cilindro de oxigênio e tudo o mais. Ao estar na praia, a pressão exercida sobre ela pelos gases que formam a atmosfera é de 1 atm. Na água, como visto, a pressão aumenta em 1 atm a cada dez metros de profundidade por conta do peso da coluna da água acima. Quando a pressão externa ao corpo aumenta, há um aumento proporcional da pressão sanguínea e nos tecidos do corpo. Porém, os locais internos ocupados por ar, como os pulmões e as vias aéreas, não acompanham essa variação. Conforme a pressão externa aos pulmões vai aumentando, sem a concomitância da interna, há um progressivo aumento da pressão resultante sobre ele, exercida de fora para dentro, criando uma dificuldade de inflá-los durante a respiração. Isso faz com que os pulmões diminuam cada vez mais seu volume, quanto mais fundo se mergulha. Para que isso seja amenizado, é fundamental que a descida durante os mergulhos seja feita pausadamente, para que a compressão sobre o organismo do mergulhador ocorra lentamente. Isso ajuda a equilibrar a pressão dos fluidos internos ao corpo com o aumento da pressão exercida pela água. Ademais, os mergulhadores respiram ar comprimido contido nos cilindros de mergulho, equilibrando a pressão nos pulmões com a externa. Nesses cilindros, o ar é engarrafado em uma pressão próxima a 200 vezes a pressão atmosférica. Uma válvula acoplada ao cilindro reduz essa pressão para cerca de 8 atmosferas.[19] Antes de o ar atravessar o bocal e chegar até o mergulhador, existe uma nova válvula que pode ser regulada para se adequar à pressão do local onde o mergulhador se encontra.

O ar comprimido nos cilindros, assim como o ar atmosférico, é formado aproximadamente por 78,62% de nitrogênio, 20,84% de oxigênio e 0,5% de outros gases. Para a respiração, nosso organismo utiliza apenas o gás oxigênio. Como o nitrogênio dificilmente se combina com outros elementos ou substâncias, é eliminado na expiração com o gás carbônico. Os gases podem se dissolver espontaneamente em um líquido no qual estão em contato. Assim, uma pequena quantidade do nitrogênio presente no ar pode ser dissolvida no sangue. Essa solubilidade depende, entre outros fatores, da pressão exercida pelo gás sobre o líquido (lei de Henry).[20] Quanto maior for a pressão, maior a quantidade de nitrogênio no sangue. Por isso, quanto mais profundo o mergulhador se desloca, maior a concentração de nitrogênio dissolvido no seu sangue e nos tecidos.

Durante o processo de retorno à superfície, conforme a pressão vai diminuindo, o nitrogênio presente nos tecidos faz o caminho inverso. Dos tecidos passa para o sangue e é removido lentamente pelos pulmões durante a respiração. Por isso, o retorno à superfície deve ser feito de forma lenta e em etapas meticulosamente calculadas. A cada etapa, os mergulhadores devem fazer uma pausa pelo tempo suficiente para que o nitrogênio saia da solução sanguínea. Quando o gás diluído em um líquido diminui sua pressão de forma abrupta, parte dele desprende-se e forma bolhas. Podemos notar a formação dessas bolhas ao abrirmos uma garrafa de refrigerante, cujo líquido é mantido

---

[19] Veja reportagem *A vida sob pressão*. Disponível em: https://super.abril.com.br/ciencia/a-vida-sob-pressao. Acesso em: 1 jan. 2024.

[20] William Henry (1775-1836) foi um químico inglês que descreveu uma série de experimentos sobre a variação na absorção de gases pela água em diferentes temperaturas e pressões. Por meio deles, demonstrou que a solubilidade de um gás em um líquido, em temperatura constante, é diretamente proporcional à pressão do gás acima do líquido, ou equitativamente, da pressão em contato com o líquido. Tal fato ficou conhecido como *lei de Henry*.

ali em uma pressão levemente superior à atmosférica. Quando um mergulhador retorna à superfície de forma apressada, o gás nitrogênio dissolvido no sangue expande-se e forma pequenas bolhas, as quais acompanham a corrente sanguínea e podem formar bolhas maiores ao entrarem em vasos com diâmetro maior ou obstruir o fluxo sanguíneo em capilares de menor diâmetro. A consequência disso são fortes dores; pode, até mesmo, ser fatal caso as bolhas interrompam o fluxo sanguíneo nos vasos capilares do cérebro. Podem ainda causar tonturas, paralisia temporária e convulsões. Essa intoxicação por nitrogênio é chamada de embolia gasosa ou mal dos mergulhadores. Mergulhadores que sofrem de embolia gasosa são conduzidos a uma câmara de recompressão, onde a pressão interna é maior que a pressão atmosférica. Nessas câmaras, a pressão é diminuída lentamente, de modo que o excesso de nitrogênio possa ser removido dos tecidos dos mergulhadores via sangue e pulmões.

Namor, às vezes, é caracterizado com certa bipolaridade, uma intensa variação em seu humor, uma das causas que o leva à agressão contra os povos da superfície. No início dos anos 1960, quando ele começa a participar das histórias do Quarteto Fantástico, Reed Richard, o Senhor Fantástico, descobre que o descontrole de Namor estava relacionado às variações de pressão a que seu corpo estava submetido ao sair das águas profundas em direção à superfície. A dissolução do nitrogênio em seu sangue, ocasionaria a intoxicação pelo gás e provocaria dores intensas, o que ajudaria em seu característico nervosismo. Reed desenvolve um aparelho, que, ao ser usado junto ao corpo de Namor, controla os efeitos causados pelas abruptas variações na pressão. Interno ao seu corpo, esse aparelho retira o excesso de nitrogênio em seu sangue e, como mágica, o deixando cordial e espirituoso. A dissolução do nitrogênio no corpo de Namor ocorre mesmo com sua respiração pelas guelras.

Os peixes possuem um órgão que os auxilia na flutuabilidade, a bexiga natatória. Podendo encher-se ou esvaziar-se com gases,[21] ela muda a densidade do animal auxiliando para que ganhe profundidade ou nade mais próxima à superfície. Se o objetivo é nadar em maior profundidade, o peixe exala o gás presente na bexiga. O espaço deixado é preenchido com ácido láctico, um líquido denso[22] encontrado nos músculos, sangue e outros

---

[21] Entre os elementos presentes nos gases que se acumulam na bexiga natatória, estão oxigênio, gás carbônico e nitrogênio.

[22] Ver ficha de informação do produto químico. Disponível em: https://licenciamento.cetesb.sp.gov.br/produtos/ficha_completa1.asp?consulta=%C1CIDO%20L%C1CTICO#:~:text=LÍQUIDO%20DENSO%20%3B%20SEM%20COLORAÇÃO%20A,AFUNDA%20E%20MISTURA%20COM%20ÁGUA. Acesso em: 1 jan. 2024.

órgãos, aumentado a densidade do animal. Namor e Aquaman, assim como os demais atlantes, podem possuir uma bexiga natatória ou outro órgão com função semelhante, responsável por remover o gás nitrogênio dissolvido no sangue antes de formar bolhas, devido à diminuição da pressão, evitando a embolia gasosa. Logo após, esse gás é exalado do corpo, de uma forma bem conhecida por todos nós. Isso poderia trazer constrangimentos para os heróis aquáticos, que ficariam marcados pelo excesso de flatulência ao sair das águas (Figura 1.7).

Figura 1.7 – Após eliminar o gás do organismo, evitando a embolia gasosa, a flatulência seria corriqueira nos heróis aquáticos ao retornarem das profundezas oceânicas. Porém, poderiam ser utilizados para impulsionar-se durante o nado.

Fonte: ilustração de Letícia Machado

Os problemas dos mergulhadores, ao retornarem do fundo dos oceanos, não param na intoxicação por nitrogênio. Conforme a pressão à qual um gás está submetido diminui, seu volume tende a aumentar, pois a força aplicada sobre ele será menor. Se um mergulhador prender a respiração ao retornar para a superfície, conforme a pressão externa sobre ele diminui, o ar no interior de seus pulmões se expande. Esse gás expandido começa a forçar a parede dos pulmões que, em alguns casos, podem ser rompidas. Ou a pressão do ar no interior dos pulmões pode exceder a pressão arterial lançando o ar na corrente sanguínea, o que seria fatal. Essa variação abrupta da pressão ainda pode causar danos aos tímpanos e seios da face, como o rompimento de vasos sanguíneos.

Ao estarem no oceano, observa-se Aquaman e Namor percorrendo grandes profundidades em poucos segundos. Como um míssil balístico, os heróis saem das profundezas e, em instantes, estão atacando um navio inimigo na superfície. Em qualquer ser humano, esse deslocamento seria fatal; ao chegar à superfície, dificilmente sobreviveria a intoxicação por nitrogênio. O correto seria realizar esse percurso de forma lenta, parando gradualmente, tempo necessário para a adaptação do organismo, contudo isso estragaria a cena heroica de ataque. Ao retornarem para o fundo do mar, o trajeto deveria ser feito da mesma forma, lenta e gradual, para que a pressão do organismo fosse se adaptando com o aumento da pressão oceânica. Vantagem teriam os inimigos dos povos submarinos, pois possuiriam tempo suficiente para atacar as cidades submersas. Por sorte dos povos aquáticos, com a respiração através de brânquias, Namor não sofreria desse revés. Nem mesmo Aquaman.[23] Como estaria constantemente enchendo seus pulmões de água utilizada para respirar, eles se manteriam a uma pressão interna muito próxima da externa. Nesses casos, nada melhor que ser meio-humano, meio-atlante ou talokanil.

1.6 A EMBRIAGUEZ POR NITROGÊNIO

Como visto no tópico "O mal dos mergulhadores", quando esses estão submetidos a altas pressões oceânicas, o nitrogênio envolvido no processo da respiração é dissolvido no sangue. Conforme retornam à superfície, a pressão à qual seus corpos estão submetidos diminui gradativamente. Se esse retorno for feito de forma abrupta, o nitrogênio dissolvido forma bolhas no sangue, devido à redução da pressão, e pode ocasionar graves consequências físicas, sendo chamado de mal da descompressão ou doença dos mergulhadores. Além disso, o nitrogênio pode causar outra mazela em mergulhadores quando se encontram, aproximadamente, a partir de 30 m

[23] No tópico "Respirar de baixo da água", especula-se que, durante sua respiração, Aquaman pode retirar da água o oxigênio necessário.

de profundidade. É a chamada *narcose por* nitrogênio, ou embriaguez das profundidades. O nitrogênio dissolvido no organismo pode atrasar a comunicação entre os nervos e os neurônios, que é feita via impulsos elétricos. Esse retardo dá origem a sintomas parecidos ao da embriaguez por álcool, deixando os pensamentos confusos, a pessoa desorientada, os reflexos e o raciocínio mais lentos, podendo, até mesmo, ocasionar alucinações.

Como se tivesse bebido excessivamente, a pessoa sob a narcose por nitrogênio pode esquecer-se de voltar à superfície ou ser atraída, cada vez mais, para as profundezas por algum peixe que lhe chame atenção. A pessoa pode jurar que viu belas atlantes no fundo do oceano e ainda convidá-las para um drink acompanhado de frutos do mar como petisco. Para trabalhadores que exercem funções em grandes profundidades, como em plataforma marítima de exploração de petróleo, o gás nitrogênio presente no ar e nos cilindros de oxigênio é substituído por gás hélio, que pode ser liberado mais facilmente dos locais do organismo. Como nossos heróis aquáticos não utilizam o ar para respirar em água, estariam a salvo desse mal.

1.7 NADANDO EM ALTAS VELOCIDADES

A natação é uma atividade que envolve grande consumo energético, a utilização de vários músculos e muita física. Para que se inicie o nado, faz-se necessário que a água empurre o nadador para frente, sem isso ele não entra em movimento. Durante o nado, com as mãos, ele começa a empurrar a água para trás. De acordo com a Terceira Lei de Dinâmica,[24] proposta por Isaac Newton, a água reagirá a essa força aplicando sobre o nadador outra força de mesmo valor e direção (horizontal), mas de sentido oposto, para frente. Dessa forma, o nadador entra em movimento com velocidade proporcional à força que exerce sobre a água e à velocidade das braçadas. Conforme o nadador se desloca, a água adere ao seu corpo, passando a deslocar-se juntamente e exercendo outra força sobre ele. Contudo, essa força é contrária ao movimento, chamada de força de atrito, e retarda a velocidade com a qual o nadador se move. A força de atrito, quando exercida por corpos fluidos, é chamada de arrasto.[25] Em várias situações, o atrito é essencial para a existên-

[24] Conhecida como "Princípio da Ação e Reação", ela diz que se um corpo *A* exerce uma força sobre um corpo *B*, simultaneamente o corpo *B* exercerá uma força de mesma intensidade sobre o corpo *A*, assim como na mesma direção, porém no sentido contrário. No livro *A Física e os Super-Heróis Vol. 2*, no tópico "A capacidade de voar", capítulo destinado ao Superman, a terceira lei de Newton é abordada em pormenores.

[25] A força de atrito entre um corpo e os fluidos pode ser chamada de "arrasto", quando se leva em conta um movimento impulsionado.

cia do movimento,[26] mas nesse caso se torna inoportuno. A força de arrasto entre o líquido e o corpo do nadador dificulta seu movimento, fazendo com que haja um esforço adicional para tal intento. Uma das táticas utilizadas por mergulhadores para nadar com mais eficiência pela diminuição do atrito é utilizar roupas especiais para esse fim. Esses trajes permitem um melhor deslizamento da água por eles, diminuindo o atrito entre o líquido e o corpo. A força que permite o deslocamento horizontal é chamada de força de propulsão,[27] ou força de tração. Ela é devida aos esforços musculares do nadador com os braços e pode ser potencializada com o bater de seus pés. Para que permaneça a nado, a força de propulsão deve ser, pelo menos, igual à força de arrasto. Caso seja menor, a velocidade diminui até cessar o movimento.

Além das forças horizontais, existem forças que atuam verticalmente sobre o corpo na água. Uma é o *peso,* que é a força de atração gravitacional exercida pela massa da Terra e direcionada para baixo. Quando um corpo está, parcial ou totalmente, imerso em um fluido, o líquido aplica sobre ele uma força denominada *empuxo,* a qual apresenta sentido vertical e é direcionada para cima, opondo-se à força peso. Sempre que a força peso for maior que o empuxo, os corpos afundarão. O empuxo também faz com que, dentro da água, os corpos pareçam mais leves.

O empuxo foi descoberto pelo matemático e astrônomo grego Arquimedes de Siracusa (287 a.C.-212 a.C.), considerado o maior matemático da antiguidade e uns dos maiores físicos da história. Segundo Arquimedes, "um corpo inteiro ou parcialmente submerso em um fluido sofre um empuxo que é igual ao peso do fluido deslocado",[28] sendo dado por:

$$\boxed{E = \rho . V . g} \qquad (III)$$

em que:

E → Empuxo (Newton);

ρ → densidade do fluido (kg/m^3);

V→ Volume do fluido deslocado (m^3);

g→ Aceleração da gravidade (m/s^2).

---

[26] O atrito é uma força que se opõe ao movimento dos corpos e estará presente sempre que estes estejam em contato com qualquer material, seja sólido ou fluido.

[27] A força de propulsão foi abordada no tópico "A capacidade de voar", em *A Física e os Super-Heróis Vol. 2.* Para que o movimento em um fluido aconteça, é necessária uma força para fazer com que o corpo inicie o movimento, chamada de propulsão ou tração.

[28] TIPLER, P.; MOSCA, G. *Física para cientistas e engenheiros, Vol. 1.* Rio de Janeiro: LTC, 2009.

Quando o corpo está imerso em um fluido, se o empuxo for maior que seu peso, ele flutuará; caso contrário, afundará (Figura 1.8). Esse corpo pode estar, total ou parcialmente, submerso. Para que fique imerso na água, deve deslocar parte desse líquido para que possa ocupar o espaço que está sendo ocupado pelo líquido que será deslocado. O volume do líquido deslocado é exatamente o volume do corpo que ficará imerso. Se o corpo ficar parcialmente imerso, o volume do líquido deslocado será igual ao volume da parte do corpo que ficou imersa.

Figura 1.8 – Representação do empuxo (E) atuando sobre um corpo imerso em um líquido[29]

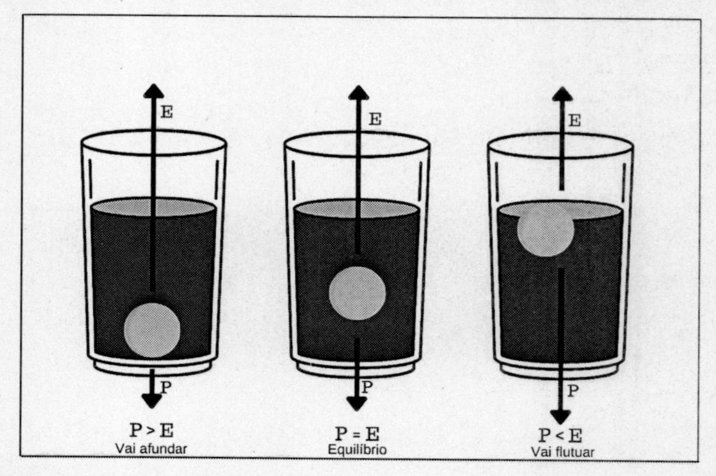

Fonte: ilustração de Letícia Machado

Voltemos a falar sobre a força de arrasto, a força de atrito contrária ao movimento, exercida pelos fluidos. Essa força é proporcional à densidade do fluido e à área do corpo em contato com ele. Além disso, varia com o quadrado da velocidade a qual o corpo desloca-se em relação ao fluido, sendo expressa pela seguinte relação:

$$F_{arrasto} = -\frac{1}{2} C.\rho.A.v^2 \qquad (IV)$$

em que:

[29] Sempre que o peso desse corpo for maior que o empuxo, ele afundará. Se seu peso for igual ou menor que a força que o líquido aplica sobre ele, o corpo estará, total ou parcialmente, submerso. Obs.: as setas não representam a escala de valor da intensidade das forças.

C → coeficiente de arrasto;

ρ → densidade do fluido (kg/m³);

A → área do corpo transversal às linhas fluidodinâmicas (m²);

v → velocidade do corpo (m/s).

A força de arrasto é proporcional à densidade do fluido e está relacionada com a quantidade de moléculas do fluido que ocupam um determinado volume. O arrasto também é exercido pelo ar quando se desloca por ele. Para se movimentar por um fluido, faz-se necessário retirá-lo da frente para que se possa ocupar aquele espaço por ele ocupado. A densidade do ar é de 0,001 g/cm³, e a densidade da água é 1 g/cm³. Como a densidade da água é maior que a densidade do ar, e não é pouco, mas mil vezes maior, tem-se uma dificuldade muito maior para que se desloque na água em relação ao ar. De acordo com a equação (IV), o arrasto varia com o quadrado da velocidade que o corpo possui ao estar se deslocando. Se o nadador dobrar sua velocidade, o arrasto aumenta quatro vezes, se a velocidade for triplicada, o arrasto aumentará em nove vezes. Quanto maior for a velocidade com que o corpo se desloca, maior será a força contrária ao movimento exercida pela água. Dessa forma, ao nadar, a força de propulsão desempenhada pelo nadador deverá aumentar tanto quanto o arrasto para que o movimento seja mantido. Por conta da diferença entre as densidades do ar e da água, faz-se necessário gastar quase mil vezes mais energia para manter a mesma velocidade na água em relação ao ar. Alguns relatos afirmam que Aquaman pode nadar a 3.000 m/s [30] o dobro da velocidade do som na água. Levando em conta essa altíssima velocidade e a densidade da água, ele deveria exercer sobre ela uma força extremamente alta para superar o enorme atrito que o líquido estaria aplicando sobre ele, o que seria suficiente para fazer de Aquaman um dos super-heróis mais poderosos dos quadrinhos.

Deslocando-se na incrível velocidade de 300 m/s (10.800 km/h), a água exerceria uma exorbitante força de arrasto sobre Aquaman (quadro 1.2). De acordo com a terceira lei de Newton, o herói deveria aplicar sobre a água a mesma força em valor, porém em sentido oposto, para se manter ao menos sempre na mesma velocidade.

[30] Quão poderoso é o Aquaman? Disponível em: https://cienciahoje.org.br/artigo/quao-poderoso-e-o-aquaman/. Acesso em: 1 jan. 2024.

Quadro 1.2

Para que se calcule a força despendida por Aquaman para nadar, faz-se uso da equação (IV). Com ela será estimada a força de arrasto que a água exercerá sobre ele ao nadar a 3.000 m/s. De acordo com o Princípio da Ação e Reação, será a mesma força exercida por ele sobre a água para que se nade a 3.000 m/s. Na equação (IV), para o coeficiente de arrasto C, será utilizado um valor médio encontrado no artigo "O efeito da profundidade no arrasto hidrodinâmico durante o deslize em natação."[31] Esse coeficiente varia de acordo com a temperatura da água, sua densidade e a profundidade na qual o corpo se desloca. O arrasto hidrodinâmico diminui à medida que a profundidade aumenta. Segundo o artigo, verifica-se uma tendência para sua estabilização a partir dos 75 cm de profundidade, sugerindo-se o valor de 0,30, que é o que será adotado. Para a densidade da água, será utilizado $\rho = 1.000 \text{ kg/m}^3$.

Na equação (IV), faz-se necessária a área transversal às linhas hidrodinâmicas do corpo que se desloca pelo fluido. Para isso, o corpo de Aquaman será comparado a um cilindro de 0,50 m, a medida de suas costas (ombro a ombro) por 1,90 m, que se considera ser sua altura (figura 1.9). Para calcular a área transversal ao seu movimento, basta calcular a área superior desse cilindro, que será uma circunferência de raio 0,25 m.

Figura 1.9 – Compara-se o corpo de Aquaman ao de um cilindro de 1,90 m de altura e 0,50 m de raio

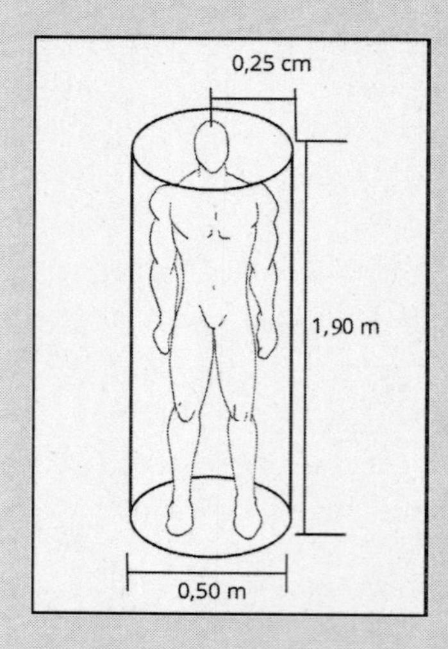

Fonte: ilustração de Letícia Machado

[31] O efeito da profundidade no arrasto hidrodinâmico durante o deslize em natação, disponível em: https://www.redalyc.org/pdf/2730/273023636010.pdf. Acesso em: 1 jan. 2024.

A área de um círculo é dada por:

$$A = \pi r^2$$

Fazendo as substituições:

$$A = 3,14x\left(0,25\right)^2$$

$$A = 0,2m^2$$

A área transversal às linhas hidrodinâmicas é de 0,2 m². Substituindo os dados na equação (IV), tem-se:

$$F_{arrasto} = -\frac{1}{2}C.\rho.A.v^2$$

$$F_{arrasto} = -\frac{1}{2}0,30x1.000x0,2.\left(3.000\right)^2$$

$$F_{arrasto} = 2,7.10^8\,N$$

A força de arrasto que a água exerce sobre Aquaman ao deslocar-se a 3.000 m/s assumirá o valor de $2,7.10^8$ N.

Ao nadar a 3.000 m/s, ou o equivalente a 10.800 km/h, Aquaman resistirá a uma força de arrasto de quase 300 bilhões de Newton, algo próximo ao esforço necessário para sustentar 30 milhões de toneladas. Essa seria a força mínima que o herói aplicaria sobre a água para se mover em velocidade constante. Para aumentar sua velocidade, deverá desenvolver forças cada vez maiores, o que coloca Aquaman na prateleira dos heróis mais poderosos dos quadrinhos.

1.8 O ASSOMBROSO CONSUMO DE ENERGIA

Quanto maior for a densidade e a viscosidade de um fluido, maior o esforço para se deslocar por ele. Ao comparar com o ar, tanto a viscosidade quanto a densidade são maiores na água, por isso se faz necessário maior gasto calórico para se manter em movimento nesse meio líquido. Quanto maior for a velocidade com a qual se desloca, maior será o consumo de energia. É possível determinar o gasto calórico de Aquaman para se locomover na água a 3.000 m/s. Veja o Quadro 1.3:

Quadro 1.3

Em física, a potência é uma grandeza relacionada ao gasto de energia por unidade de tempo. Se algo possui uma potência de 1 W (watts), significa que consome 1 joules de energia por segundo. Assim, para calcular a energia gasta ou consumida, é necessário multiplicar a potência (P) pelo tempo (t):

$$\boxed{E = P.t} \qquad (V)$$

A potência desenvolvida por uma força num corpo em movimento relaciona-se com a velocidade (v) pela equação:

$$\boxed{P = F.v} \qquad (VI)$$

Substituindo a equação (V) em (VI), tem-se:

$$E = F.v.t \therefore$$

$$\boxed{F = \frac{E}{v.t}} \qquad (VII)$$

A equação (VII) nos diz como a força que gera, ou propicia, o movimento de um corpo se relaciona com a energia, a velocidade e o tempo. Substituindo a equação (VII) em (IV):

$$\frac{E}{v.t} = -\frac{1}{2} C.\rho.A.v^2$$

obtendo-se:

$$\boxed{\frac{E}{t} = -\frac{1}{2} C.\rho.A.v^3} \qquad (VIII)$$

Pela equação (VIII), pode-se estimar a energia gasta por Aquaman ao estar nadando a uma velocidade de v = 3.000 m/s. Para isso, será adotado os mesmo valores utilizados no Quadro 1.2, fazendo as substituições:

$$\frac{E}{t} = -\frac{1}{2} 0,30x1.000x0,2x(3.000)^3$$

$$\frac{E}{t} = -270.000.000.000$$

$$\frac{E}{t} = 2,7.10^{11}\ W$$

Para se mover a 3.000 m/s, ou 10.800 km/h, pela água, Aquaman consumiria 300 bilhões de watts de energia a cada segundo, ou 300 bilhões de joules. Um valor absurdamente alto, quase 5 mil vezes a energia emitida pelo Sol por m^2. Considerando 1 caloria igual a 4,18 joules, essa quantidade energética é equivalente a 70 milhões de quilocalorias consumidas por segundo, algo completamente fora da realidade. Em comparação, o recordista mundial de natação, o estadunidense Michael Phelps, se notabilizou por sua incrível dieta de 12 mil kcal diárias. Um consumo energético que deixaria a maioria com aquela gordurinha caprichada no quadril, mas que levaria Aquaman à desnutrição.

O salmão está entre os peixes mais calóricos que existem, 100 g contêm, aproximadamente, 200 kcal. A fim de suprir o gasto calórico demandado para superar a força de atrito enquanto nada a 3.000 m/s, Aquaman deveria consumir algo próximo a 350 mil quilos de salmão a cada segundo. Nem um cardume dos mais ferozes predadores do oceano teria tal apetite, nem nada tão próximo a isso. Aquaman seria, de longe, o maior predador dos sete mares com potencial de causar grande desequilíbrio no ecossistema, levando até mesmo à extinção de várias espécies. Em curto prazo, o oceano não conseguiria atender à demanda energética do herói. Seria trágico o protetor dos sete mares aquele que poderia levar o oceano ao seu fim. Ao considerar que Namor também nada em altas velocidades e se serviria de tal cardápio, perder-se-ia a vida marinha em alguns instantes.

1.9 DA TÉCNICA UTILIZADA PARA NADAR

Por conta de sua alta densidade, a água apresenta a um corpo maior dificuldade para se locomover por ela, sendo necessário um maior gasto energético. Quanto maior a velocidade, maior será a demanda energética. Envolvendo gastos calóricos tão grandes, por conta da velocidade com a qual podem se locomover na água, é provável que Aquaman e Namor se utilizem de técnicas para reduzi-los. Uma delas seria a redução do atrito entre seus corpos e a água, reduzindo assim a força de arrasto. Para diminuir o atrito, nadadores adotam alguns procedimentos, como depilar o corpo, usar touca e trajes especiais que podem reduzir o atrito em até 20%. Um desses trajes é o LZR Racer[32], feito com tecido ultrafino que repele a água, permitindo que o nadador deslize com mais eficiência e menos esforço. Proibido em competições, o traje pode ser usado apenas no nado recreativo. Os tuba-

---

[32] COMO funcionam os novos maiôs usados na natação? *Superinteressante*, 2008. Disponível em: https://super.abril.com.br/mundo-estranho/como-funcionam-os-novos-maios-usados-na-natacao/. Acesso em: 1 jan. 2024.

rões desenvolveram uma técnica que os possibilitam nadar de forma mais eficiente e rápida. Sua pele é formada por minúsculas escamas, como se fossem pequenos dentes posicionados. Elas melhoram sua hidrodinâmica, diminuindo a resistência com a água, o que lhes permite se locomover mais rápido e com menor gasto calórico. Aquaman e Namor podem apresentar não uma, mas várias pequenas técnicas que melhorariam sua fluidez, as quais, somadas, lhe garantiriam o maior resultado visto globalmente. Utilizando a mesma técnica apresentada pelos tubarões, a pele dos heróis aquáticos pode ser composta por essas minúsculas escamas, fazendo com que apresentem menor resistência ao nadar, como os predadores marinhos.

Quando Aquaman e Namor estão se deslocando pelos oceanos, não batem os braços e pernas. Eles, simplesmente, entram na água e, em frações de segundos, encontram-se a centenas de km/h. Assim como não se sabe de que maneira Superman impulsiona-se no ar,[33] de igual modo desconhecido, os heróis aquáticos conseguem impulsionar-se na água. Mesmo que o atrito entre a água e seus corpos seja mínimo, ambos precisariam de alguma técnica que lhes permitisse deslocar-se pelas águas.

Para auxiliar sua locomoção na água, Aquaman e Namor poderiam utilizar-se da técnica da cavitação. Essa tecnologia é muito empregada na área militar, como no torpedo-míssil russo Shkval, permitindo atingir velocidades superiores a 300 km/h. O nome cavitação é dado ao fenômeno físico de vaporização de um líquido ocasionada pela redução de sua pressão, que pode resultar na formação de bolhas de vapor. Na pressão atmosférica, a temperatura de vaporização da água é cerca de 100 °C, porém, se a pressão à qual a água está submetida diminuir, a temperatura de vaporização também se reduzirá. No topo do Monte Everest, a 8.800 m de altura, onde a pressão é de 0,3 atm, a água ferve a 72°. De acordo com o princípio de Bernoulli,[34] quanto maior a velocidade de escoamento de um fluido, menor sua pressão. Essa diminuição da pressão pode ser suficiente para propiciar a vaporização local do fluido, ocasionando a formação de bolhas de vapor, isto é, o líquido entra em ebulição. Mesmo estando em baixa temperatura, pode-se observar a formação das bolhas de vapor no giro das hélices que dão propulsão aos navios, por exemplo. No caso do torpedo russo, quando está em movimento, cria-se, artificialmente, por meio de ejeção de gases quentes, bolhas de vapor em seu nariz que se estendem até sua extremi-

[33] A técnica que poderia ser utilizada por Superman para voar foi discutida no tópico "A capacidade de voar", em *A Física e os Super-Heróis Vol. 2.*

[34] O Princípio de Bernoulli foi abordado no capítulo destinado ao Superman, no tópico "A capacidade de voar", em *A Física e os Super-Heróis Vol. 2.*

dade posterior, intensificando a cavitação. Com a água se transformando em vapor antes de tocar o torpedo, e com uma bolha grande o suficiente para abranger toda sua extensão, o atrito exercido pela água é reduzido, permitindo ao torpedo atingir altas velocidades.

A velocidade elevada com a qual os heróis nadam poderia ocasionar a formação de bolhas de ar pela cavitação. Sendo envolvidos por elas, o atrito de seus corpos com a água diminuiria substancialmente, reduzindo a força de arrasto e, consequentemente, o consumo de energia despendido por eles. Isso possibilitaria, inclusive, o aumento de sua velocidade ao nadar. Aqui, deixa-se sem resposta a técnica utilizada para que atinjam as grandes velocidades necessárias para a produção da cavitação.

No tópico "O mal dos mergulhadores", foi sugerido que os heróis aquáticos tivessem algo semelhante às bexigas natatórias para remover o gás nitrogênio dissolvido no sangue. Esse gás absorvido deve ser solto, podendo ser utilizado para que os heróis aquáticos se impulsionem na água. A flatulência poderia ser utilizada como uma força de propulsão, auxiliando no deslocamento. Essa seria uma técnica que ninguém gostaria de usar.

1.10 SOFRENDO COM A HIPOTERMIA

"Você não pode descer lá assim. A hipotermia vai matá-la em questões de instantes. O seu sangue se tornaria tóxico, e a pressão do oceano quebraria todos os ossos do seu corpo".

Essa foi a orientação dada por Namor para a princesa Shuri, em *Pantera Negra: Wakanda para sempre*. O herói, prestes a levá-la para conhecer o reino subaquático de Talokan, a alerta de que não poder submergir sem proteção e lhe concede um traje de mergulho especial que lhe protegeria das intempéries impostas pelas profundezas oceânicas. Como visto no tópico "Suportando grande pressão", a pressão exercida pelas águas do oceano aumenta 1 atm a cada 10 m de profundidade. Ao ir profundo o suficiente, o corpo não suporta a enorme pressão exercida por toneladas de água acima e colapsa. Sobre a toxicidade do sangue, Namor pode estar se referindo à dissolução de nitrogênio no sangue, que ocorre quando o corpo está submetido a uma intensa pressão como a encontrada a partir dos 30 m ou 40 m de profundidade, a chamada narcose por nitrogênio.[35] As mazelas não param por aí, o corpo também pode sofrer de hipotermia.

[35] Veja os tópicos "O mal dos mergulhadores" e "Embriaguez por nitrogênio".

Os mamíferos e as aves são animais homeotérmicos, conseguem manter sua temperatura corporal relativamente constante, independentemente da temperatura ambiente. Por isso, são chamados de animais de sangue quente. Por outro lado, há os denominados animais de sangue frio, como peixes, anfíbios e répteis, cuja temperatura corporal varia de acordo com a temperatura do ambiente no qual se encontram. Como não produzem calor para aquecer seus corpos, necessitam do Sol ou do ambiente para que se aqueçam. Por isso, é muito comum encontrar répteis, como lagartos e jacarés, passando horas tomando aquele banho de Sol. Quando os corpos estão presentes em um ambiente, tendem entrar em equilíbrio térmico com ele, significa que tendem a ficar com a mesma temperatura apresentada pelo ambiente onde estão. Isso vale apenas para os corpos que não produzem energia térmica.[36] Se pegarmos como exemplo o quarto de uma casa, todos os objetos nele presentes estarão com a mesma temperatura ambiente, a cama, a cômoda, o piso, o tapete. Pode-se ter a sensação que uns corpos estão em menor temperatura que outros, como o piso ao ser comparado com o tapete, mas isso é apenas uma sensação sentida. Ao medir a temperatura de ambos, pode ser constatado que elas são iguais entre si e a mesma do ambiente, ou seja, estão em equilíbrio térmico entre si e com o ambiente. Ao retirarmos um assado que estava cozinhando em um forno e colocá-lo sobre a mesa para servir, sua temperatura começará a diminuir até que atinja a temperatura ambiente. Enquanto sua temperatura é reduzida, ele está perdendo energia para o ambiente. Essa energia que sai do corpo em direção ao ambiente é chamada de calor.

O calor flui espontaneamente sempre de um corpo, ou ambiente, que esteja em maior temperatura para outro corpo, ou ambiente, que esteja em menor temperatura, até que o equilíbrio térmico seja atingido. Ao retirar uma garrafa de água da geladeira e deixá-la sobre a mesa, a temperatura do objeto mudará, por esse motivo que a água "esquenta". Como a água encontra-se a uma temperatura menor que a do ambiente, recebe calor ambiente, e sua temperatura aumenta até que o equilíbrio térmico seja atingido.

A temperatura interna do corpo humano atinge valores médios em torno dos 37 °C. Sempre quando o ambiente apresenta uma temperatura diferente dessa, o corpo tende ao equilíbrio térmico e, para isso, perde ou recebe calor. Por exemplo, se a temperatura ambiente for 30 °C, como o

[36] A energia térmica, ou energia interna, é definida como a soma da energia cinética e potencial, relacionada ao grau de agitação dos elementos microscópicos que constituem a matéria, estando associada à temperatura absoluta de um corpo ou sistema.

corpo está a 37 °C, cederá calor para que o equilíbrio térmico seja atingido. Quanto maior for essa diferença de temperatura, mais rapidamente será essa transferência de calor. A 10 °C o fluxo de transferência de calor para o ambiente é maior que a 20 °C. O corpo reage a essa perda de calor, resultando na sensação de frio; quanto mais rápido se perde calor, maior será essa sensação. Por isso, conforme a temperatura ambiente diminui, mais frio se sente. Para diminuir a sensação de frio, precisa-se reduzir o fluxo de calor. Alguns materiais são classificados como isolantes térmicos, pois dificultam a passagem do calor, como a lã ou a madeira. Ainda há aqueles que favorecem a passagem do calor, classificados como bons condutores de calor, como a maioria dos metais. Pode-se notar essa diferença entre as características desses materiais em uma porta. Apesar de estarem em equilíbrio térmico com o ambiente, ao tocar a maçaneta de metal, tem-se a sensação que está a uma temperatura menor que a parte de madeira. Ocorre que a mão, assim como o corpo, está em uma temperatura maior que a porta. Ao tocá-la, o calor é transferido para a maçaneta na tendência de que o equilíbrio térmico seja atingido. Se a mão ficar em contato com o metal tempo suficiente, o equilíbrio será alcançado. Como a maçaneta é feita de metal, um bom condutor, perde-se calor mais rapidamente para ela que para a parte de madeira, que é um isolante. Isso dará a sensação de que a maçaneta está a uma temperatura menor que a madeira da porta. Caso parecido ocorre ao pisarmos descalços em um piso cerâmico e em um carpete. A sensação de que o piso está mais frio é devida à sua boa condutividade térmica, que está relacionada com a capacidade dos materiais em conduzir o calor. A Tabela 1.1 apresenta a condutividade térmica (**W**) de alguns materiais; quanto maior for, melhores condutores serão. Esses materiais podem ser usados como dissipadores de calor. Materiais de baixa condutividade térmica são utilizados como isolantes térmicos.

Tabela 1.1 – Valores da condutividade térmica de alguns materiais[37]

Material	W/(m·°C),
Alumínio	220,00
Concreto	2,00
Água	0,60
Madeira	0,15
Lã	0,07
Ar	0,03

Fonte: o autor

Como pode ser visto na Tabela 1.1, a condutividade térmica da lã possui um baixo valor, isso faz desse material um ótimo isolante térmico. Quando se coloca um agasalho de lã ou se entra embaixo daquele grosso cobertor, sente-se menos frio. O que esses materiais fazem é diminuir o fluxo de calor do corpo para o ambiente e, consequentemente, a sensação de frio. Nesse caso, não é correto dizer que o agasalho ou o cobertor esquentam o corpo.

Ao perder calor para o ambiente, a temperatura interna do corpo dos animais endotérmico, nos quais a espécie humana está incluída, normalmente não diminui. Isso ocorre, pois a energia perdida é, simultaneamente, resposta pelo metabolismo pela queima energética realizada pelas células. Essa energia é fornecida ao corpo pelos alimentos consumidos, por isso é comum, em dias frios, sentir mais fome, pois a queima enérgica pelas células aumenta para compensar o aumento da perda de calor. Quanto maior for a diferença de temperatura entre o corpo e o ambiente, maior a transferência de calor. Quando o organismo não consegue repor o calor perdido, há uma redução da temperatura corporal. O organismo humano, para realizar suas funções metabólicas, precisa apresentar temperatura entre 36 °C e 37.5 °C. Ao cair para 35 °C, ou abaixo disso, ele encontra-se em um estado chamado de hipotermia. Os sintomas apresentados pioram conforme a temperatura corporal diminui e podem ser desde a interrupção da circulação sanguínea, nas mãos e nos pés, até lentidão nos movimentos. Também podem ocorrer dificuldades na fala e ao controlar os movimentos do corpo, a frequência cardíaca e respiratória diminuem bruscamente, pode ser fatal se a temperatura corporal ficar abaixo dos 30 °C.

[37] Para o concreto, a condutividade térmica é 2,0 W/m · °C, em temperatura ambiente. Isso significa que uma parede de concreto de 1 m de espessura deverá conduzir calor na taxa de 2,0 W por m^2 de área para cada 1 °C de diferença de temperatura.

Quando a temperatura ambiente é maior que a temperatura corporal, como os 40 °C de um dia de verão, o processo é inverso. O corpo recebe calor do ambiente para que o equilíbrio térmico seja atingido, porém a temperatura corporal não pode ir muito além dos 37 °C, por isso o corpo dispõe de meios para devolver esse calor para o ambiente. Isso ocorre através do suor; quando evapora, a água nele presente leva consigo uma grande quantidade de energia térmica. Também ocorre o aumento da irradiação[38] corporal. Nos desertos, os povos costumam se proteger do calor utilizando longos trajes de lã. Como a lã tem baixa condutividade térmica, ela isola o corpo do calor que tende a fluir do ambiente que está em maior temperatura em direção ao corpo, para que atinja o equilíbrio térmico. Nesses casos, se a perda de calor do corpo para o ambiente não for suficiente, surgem os chamados casos de insolação. Geralmente, ocorre quando a temperatura corporal se aproxima ou ultrapassa os 40 °C, tendo como sintomas tontura, dor de cabeça, náuseas, vômito, aumento da frequência cardíaca e convulsão; pode, até mesmo, levar à morte.

A temperatura das águas oceânicas varia de acordo com a latitude e a profundidade; chega a 27 °C próximo ao equador e pode ficar abaixo de zero nos polos. Em relação à profundidade, as águas apresentam maiores temperaturas próximo à superfície, pois recebem diretamente a radiação solar. A maior parte dessa energia incidente é absorvida nos primeiros metros de profundidade. Apenas um quinto da energia solar incidente penetra até a profundidade de 100 metros, porém processos turbulentos ocorridos na superfície da água, como ondas e ventos, podem levar essa energia para camadas mais inferiores entre 200 m e 300 m e até os 1000 m de profundidade. A partir daí, a temperatura começa a baixar, brusca[39] e gradualmente, até atingir valores entre 3 °C e 0 °C, quando se estabiliza (Ver figura 1.10).

[38] A irradiação térmica é a forma pela qual o calor se propaga por meio de ondas eletromagnéticas, ver tópico "Uma ajuda das correntes termais", no capítulo destinado ao Batman em *A Física e os Super-Heróis Vol. 2.*

[39] Ver "Temperatura do oceano". Disponível em: http://www.mares.io.usp.br/iof201/c2.html. Acesso em: 1 jan. 2024.

Figura 1.10 – Perfil da variação da temperatura oceânica de acordo com a profundidade, em baixas, média e altas latitudes

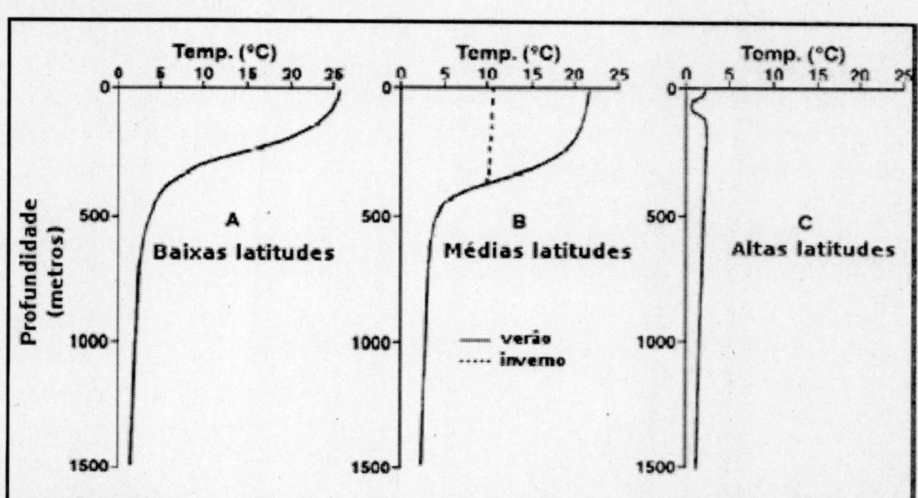

Fonte: Montezuma, 2007

Quando os animais de sangue quente estão imersos na água do mar, perdem calor corporal. Cada material pode apresentar diferenças na taxa de absorção de calor. A condutividade térmica do ar é 0,03 e a da água é 20 vezes maior, 0,60. Isso significa que se perde calor muito mais rápido para a água do que para o ar, por isso a sentimos mais gelada que o ambiente, mesmo ambos estando em equilíbrio térmico. Até é possível sentir o ar mais frio ao sair da água do mar, mas isso se deve à evaporação da água na pele que será acelerada pelos ventos. Como a condutividade térmica da água é maior, faz com que o calor do corpo seja perdido mais rapidamente nela que no ar. Assim, muitas espécies de sangue quente que necessitam da água do mar para sobreviver desenvolveram mecanismos de proteção para diminuir essa transferência de calor ao estarem na água. O mais conhecido são os pelos distribuídos ao longo do corpo. Assim como os casacos, os pelos diminuem a transmissão do calor corporal para o ambiente; quanto maior a quantidade de pelo, melhor isolante. Em algumas espécies, como as lontras-marinhas, o pelo é tão denso que retém bolhas de ar em seu interior mesmo estando na água. Como a condutividade térmica do ar é menor que a água, essas bolhas são uma ajuda extra para isolar a pele das baixas temperaturas. Para suportar as gélidas águas do mar, o corpo de Aquaman, assim como o de Namor, deveria ser coberto por uma pelagem tão densa quanto de uma lontra-marinha. O problema do pelo é que, ao nadar, ele gera atrito, e, como visto, para que os heróis aquáticos nadem em grandes velocidades, é preciso diminuir ao máximo o atrito com a água.

Os mamíferos marinhos, como baleias, leões-marinhos, golfinhos, entre outros, desenvolveram outra forma de isolar o corpo contra as baixas temperaturas. Como forma de adaptação ao frio extremo, seus corpos criaram uma grossa camada de gordura logo abaixo da pele, que em algumas espécies pode chegar a 15 cm de espessura. Essa camada de gordura age como um isolante térmico, dificultando as trocas de calor com o ambiente. Para que Aquaman ou Namor usasse essa estratégia adaptativa, não seria possível aquela imagem de super-heróis com corpos atléticos e bíceps definidos. Como os homens têm uma tendência maior de acumular gordura na região abdominal, nossos heróis aquáticos teriam aquela barriguinha de chope muito bem roliça. Também teriam uma camada generosa de gordura por todo o corpo como quadril, pernas e braços. Em vez de atlético, o corpo de nossos heróis estaria mais para o do Pinguim, vilão de Batman, para que usassem da camada de gordura como isolante térmico.

Pode-se ter dificuldade em aceitar os corpos roliços de Aquaman e Namor, até porque, como nadar exige um enorme gasto calórico e a utilização de vários músculos do corpo, é comum o corpo atlético em praticantes desse esporte — e não se pode esquecer que os heróis aquáticos passam boa parte de seu tempo nadando. Existe outra adaptação evolutiva utilizada pelos animais aquáticos de sangue quente, chamada de trocas de calor contra a corrente (Figura 1.11). São adaptações ocorridas no sistema circulatório em que o calor é transferido das veias ou vasos sanguíneos, contendo sangue mais quente, para outras veias e vasos com sangue mais frio, como as que trafegam o sangue das extremidades do corpo, como mãos e pés. Conforme esse sangue frio se direciona para o interior do corpo, encontra as veias e artérias com sangue quente situadas bem próximas e com o fluxo sanguíneo correndo em sentido oposto. O sangue em menor temperatura recebe calor por condução, retornando com ele para o interior do corpo. As extremidades do corpo em contato com a água recebem um sangue menos quente, que acabou de ceder calor para os que se deslocaram em direção ao interior do corpo. Isso impede que boa parte do calor produzido pelo corpo seja perdido para a água (Figura 1.11). Com esse eficiente mecanismo, o corpo mantém-se aquecido e necessita produzir menos calor. Dessa forma, ocorre uma troca de calor por condução em regiões do corpo próximas aos vasos em que o sangue está mais frio com as regiões em contato com sangue mais quente no outro vaso, impedindo que uma boa parte do calor seja perdido para a água.

Figura 1.11 – As trocas de calor contra a corrente impede que parte da energia térmica se perca para o ambiente[40]

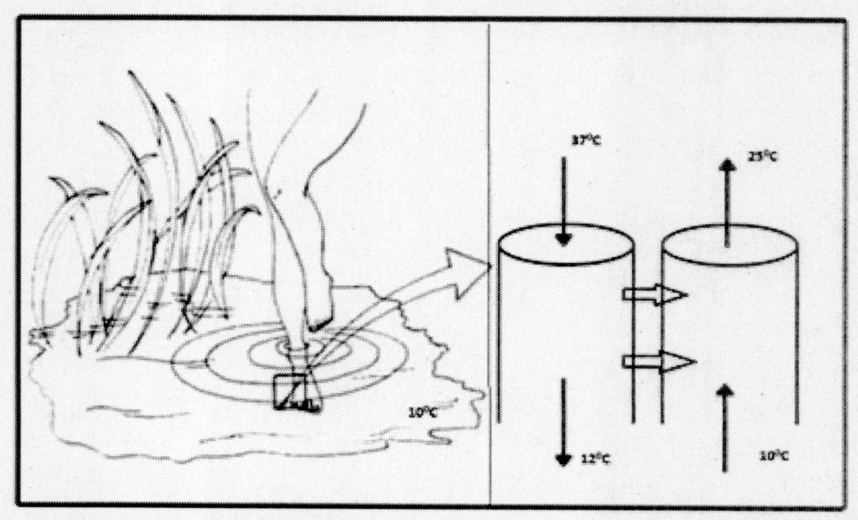

Fonte: ilustração de Letícia Machado

Ao nadar no fundo dos oceanos, onde a temperatura encontra-se entre 4 °C e 0 °C, Aquaman e Namor, assim como o povo atlante, perdem energia, o que é agravado pelo fato de a água ser um bom condutor de calor. Para que sua temperatura corporal não baixe dos 35 °C, seu metabolismo deveria apresentar uma queima calórica extremamente intensa para repor o calor perdido e não entrar no quadro de hipotermia. Tal metabolismo superacelerado não é encontrado no reino animal. Como essa energia perdida viria dos alimentos, o que mais os atlantes deveriam ter era apetite, e a fome seria uma constante. Nossos heróis marinhos não dispõem dos dois principais mecanismos de isolamento térmico dos animais de sangue quente, uma pelagem densa e distribuída ao longo do corpo e a camada de

[40] Se o vasos sanguíneos não estiverem próximos uns dos outros, o calor é dissipado para o meio externo. Com sua proximidade, a troca de calor por contracorrente permite que o sangue quente (a 37 °C) do interior do corpo, que se direciona para as extremidades dos pés (que está a 10 °C, em equilíbrio térmico com a água do lago), transfira calor diretamente para o sangue que se esfriou e que está retornando para o interior do corpo.

gordura. O que eles deveriam possuir, para compensar isso, seria um sistema de trocas de calor contra a corrente extremamente evoluído, adaptado e eficiente, como não visto no reino animal, apenas para amenizar a perda de calor. Como Namor nasceu e vive no fundo do oceano, é provável que tenha algum mecanismo de isolamento térmico altamente eficiente e desconhecido; isso lhe possibilitaria viver em um ambiente com temperaturas tão baixas. Como Aquaman nasceu e vive em terra firme, não teria como seu corpo desenvolver mecanismos adaptativos contra as baixas temperaturas oceânicas e a rápida perda de calor apresentada nesse ambiente, mas poderia ter herdado de sua mãe. Em última hipótese, talvez absurda, Namor e Aquaman não seriam mamíferos, mas alguma espécie animal de sangue frio. O problema é que esses animais não possuem glândulas mamárias, e os heróis sim. Quem sabe essa nova espécie meio-humana e meio-atlante (ou Talokan) tenha sofrido mutações para se tornarem mamíferos de sangue frio?! No caso de Aquaman, não há dúvidas de que é um mamífero de sangue quente, mas, como filho da terra e do mar, pode ter herdado as adaptações desconhecidas dos atlantes para viverem no oceano.

1.11 RESFRIAR O CORPO SE FAZ NECESSÁRIO

Seja qual for o mecanismo de isolamento térmico utilizado em água, seria um problema para que Aquaman vivesse fora dela. Nos animais de sangue quente, o organismo está constantemente produzindo energia por meio dos processos metabólicos. É importante que haja uma troca de calor constante com o ambiente para que parte dessa energia não superaqueça o corpo. A rapidez dessa troca energética é proporcional à diferença de temperatura entre o corpo e o ambiente. Quanto mais próximo à temperatura ambiente estiver da temperatura corporal, mais lento será o resfriamento do corpo, e uma quantidade maior de energia será retida no organismo, dando uma sensação térmica mais quente. Caso Namor seja uma espécie híbrida de sangue frio, esse problema seria amenizado em temperaturas terrestres mais brandas. Porém, para Aquaman isso seria um grande transtorno, principalmente ao nadar, quando é produzida mais energia, e o calor retido em seu corpo provocaria avarias em seus órgãos causadas pelo superaquecimento. O fato de a água ser um bom condutor de calor poderia amenizar esse efeito, mas não eliminá-lo. Ao estar em terra firme, aparelhos de ar-condicionado seriam os objetos mais abundantes para se refrigerar nos ambiente fechados onde Aquaman viveria.

1.12 CONVIVENDO COM A BAIXA ILUMINAÇÃO

Outra dificuldade enfrentada para a vida nos oceanos é a falta de iluminação a partir de certa profundidade, pois, conforme a luz se propaga pela água, sua intensidade diminui exponencialmente. Dessa forma, a luz ambiente não ilumina as águas oceânicas a partir de certas profundidades, por isso são ambientes que se caracterizam pela escuridão. A luz visível é um dos tipos de radiação eletromagnéticas, formada por sete faixas principais de frequência que caracterizam as cores vermelho, laranja, amarelo, verde, ciano, azul e violeta, como demonstrado na Tabela 1.2. A luz visível, como a proveniente do Sol, é também chamada de luz branca. Conforme se propaga pela água, vai progressivamente sendo absorvida as cores com comprimentos de onda mais longos, começando pelo vermelho, depois laranja e, assim, sucessivamente. Sendo a radiação luminosa um tipo de energia, ela é utilizada para aquecer as águas nas proximidades da superfície. A radiação que caracteriza o azul é a que consegue percorrer maiores distâncias na água e em qualquer direção. Isso permite não apenas que vá mais profundo no oceano, como também que se espalhe por maiores distâncias ao se propagar próximo à superfície da água. Além de ser parcialmente absorvida, outra parte da radiação será refletida pela água. Essa fração refletida será direcionada aos olhos fazendo com que enxerguemos o mar na cor azul. Dependendo da quantidade e do tipo de partículas em suspensão na água, o oceano também pode assumir outras cores.

Tabela 1.2 – Tabela com o comprimento de onda e a frequência para as sete faixas principais que formam o espectro da luz visível

Cor	Comprimento de onda (nm)	Frequência (THz)
Vermelho	620 a 740	480 a 400
Laranja	590 a 620	510 a 480
Amarelo	560 a 590	530 a 510
Verde	500 a 560	600 a 530
Ciano	480 a 500	620 a 600
Azul	440 a 480	680 a 620
Violeta	380 a 440	790 a 680

Fonte: o autor

A penetrabilidade da luz nos oceanos varia de acordo com a transparência da água e da posição do Sol. Quanto mais transparente for e mais a pino estiver o Sol no céu, maior será a penetração da luz na água do mar. A luz azul pode alcançar profundidades de 200 m em águas límpidas no oceano aberto. É por isso que, no fundo do mar, a cor predominante será o azul, se não houver nenhuma fonte de luz branca, como as artificiais emitidas por lanternas de mergulhadores ou farol dos submarinos. A cor não é uma característica dos corpos, mas uma percepção visual do observador.

Os corpos possuem características próprias que fazem com que absorvam mais ou menos radiação. É essa diferença na absorção que irá definir, inclusive, a cor de um corpo. Um objeto que nos parece verde, dentre o conjunto de frequências que formam o espectro da luz visível (Tabela 1.2), tem a característica de refletir comprimento de onda de aproximadamente 0,54 micrômetros **(figura 1.12),** absorvendo as demais. Essa onda refletida quando chega aos nossos olhos e passa por todo o mecanismo da visão, dará a sensação da cor verde.[41] Assim, um objeto que parece verde absorve todas as frequências das cores que formam a luz visível, exceto o verde. Um corpo de cor vermelha, reflete um comprimento de onda de aproximadamente 0,62 micrômetros (vermelho), definindo sua cor. Ao colocar um objeto que parece verde em uma sala escura e passar a iluminá-la com uma luz vermelha, ele parecerá preto. Isso ocorre, pois, como ele reflete apenas o verde, irá absorver a luz vermelha sem propiciar reflexão alguma. E como nenhuma radiação proveniente desse objeto chega aos nossos olhos, ele parecerá negro.[42]

[41] O mecanismo da visão e suas partes constituintes, como o órgão e as células, foi abordado no tópico "Ficar invisível", parte integrante do capítulo destinado à Mulher Invisível em *A Física e os Super-Heróis Vol.1.*

[42] COLHO, R. Uma ajuda das correntes termais. *In*: COELHO, R. *A física e os super-heróis Vol.2*. Curitiba: Appris, 2023. p. 101.

Figura 1.12 – Ao receberem a radiação solar, os corpos refletem determinadas frequências que a compõem, definindo a cor que por nós é percebida

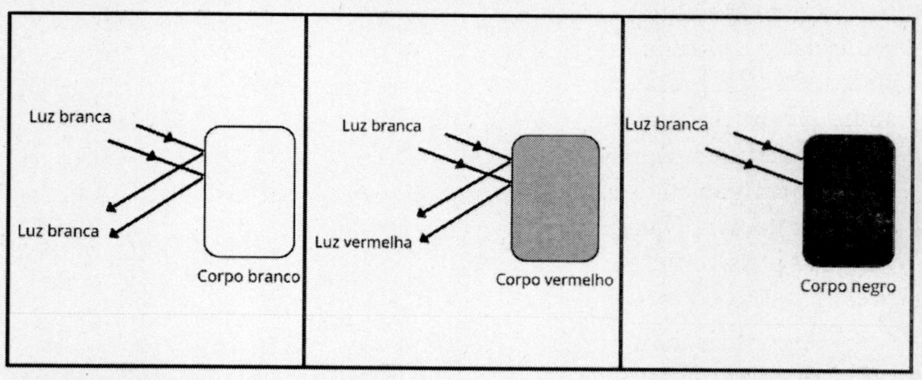

Fonte: ilustração de Letícia Machado

Esqueça aquelas descrições das cidades submersas de Atlântida ou Talokan com tons alegres e coloridos como uma alegoria de carnaval. Ao contrário, seriam lugares monocromáticos de um anil soturno. Isso o filme *Aquaman* (EUA. 2018) retratou de forma correta em algumas cenas. Esqueça, inclusive, os belos cabelos ruivos de Mera (interpretada por Amber Heard) em *Aquaman* (2018), que se destacavam nas penumbristas cenas no fundo do mar. Nisso, o filme errou. Como a radiação associada ao vermelho é a primeira a ser absorvida pela água, ela não chega a essa profundidade, o que deixaria os cabelos de Mera escuros e monocromáticos. Porém, à medida que ela começasse a emergir à superfície, seus cabelos ganhariam a tonalidade que lhe é natural sob a luz branca. Na presença dessa luz branca, natural ou artificial, os corpos encontrados nessa profundidade nos pareceriam em suas cores naturais, como se estivessem na superfície.

Voltando à penetrabilidade da luz azul nas plataformas continentais, elas podem atingir os 40 m e apenas cerca de 15 m de profundidade nas áreas costeiras. O máximo de claridade fornecida pelo ambiente que poderá atingir certa profundidade será uma luz azulada e fraca. A partir daí, a luz ambiente não chega, como nas zonas abissais a 4.000 m, e as fossas abissais que podem atingir os 10.000 m de profundidade. Esses locais são frios, com temperaturas entre 4 °C e 0 °C, completamente escuros e com a maior pressão exercida pelas águas oceânicas. Por conta disso, são locais em que a vida marinha não é muito abundante, e os que lá vivem possuem características próprias adaptadas à existência nesse ambiente inóspito.

Para viver nesse habitat de pouca ou nenhuma iluminação, os peixes, as águas-vivas, as algas, entre outros, buscaram uma adaptação chamada de bioluminescência, que é a capacidade de emitirem a própria luz. Essa emissão luminosa é utilizada, principalmente, para a sobrevivência do indivíduo, atraindo certas presas para alimentação, ou para a sobrevivência da espécie, como atrair fêmeas para o acasalamento. Com a ausência da luz, os olhos perdem a utilidade, assim algumas espécies de peixes são completamente cegas, possuindo olhos disfuncionais. Sem uma aparente fonte de luz própria, como Aquaman, Namor e até os atlantes poderiam viver nesses locais? Já vimos as possíveis estratégias adaptativas para suportarem o frio e as altas pressões, mas e a escuridão abissal?

Alguns animais, para se locomover ou caçar, utilizam um sistema de radar próprio chamado de ecolocalização. O animal emite uma série de ondas sonoras que, ao atingirem algum obstáculo, são refletidas, voltando a ele. Para isso, possuem órgãos capazes de emitir um sinal acústico e de receber e interpretar o eco desse sinal refletido. Com essa identificação, dão as formas, dimensões dos objetos e até a distância na qual se encontram, conseguindo se deslocar com segurança no ambiente e, até mesmo, detectar presas. A ecolocalização é utilizada por alguns mamíferos, como morcegos, golfinhos e baleias. Os atlantes poderiam utilizá-la para vivência nas zonas abissais, porém sua vida seria completamente diferente da civilização. Atividades rotineiras, desenvolvidas pela capacidade de enxergar o ambiente, seriam bem limitadas com o uso apenas das ondas sonoras para a percepção do ambiente. Com olhos funcionais, poderiam utilizar a bioluminescência para a comunicação. Criariam uma linguagem própria, usando como referência o piscar das luzes, sua duração e intensidade, como se fosse uma bem elaborada linguagem de código Morse.

Algumas espécies abissais podem utilizar a bioluminescência de uma parte bem específica de seus corpos para conseguirem se locomover. É o caso do peixe-olho-lanterna (anomalopidae), que possui um órgão bioluminescente localizados bem abaixo de seus olhos.[43] Esses órgãos de luz contêm bactérias que produzem energia luminosa de forma contínua. Quando não querem utilizá-los para a iluminação, essas espécies podem guardar tais órgãos, utilizando uma tampa escura para impedir a emissão

[43] JOHNSON, G. D.; ROSENBLATT, R. H. Mechanisms of light organ occlusion in flashlight fishes, family Anomalopidae (Teleostei: Beryciformes), and the evolution of the group. *Zoological Journal of the Linnean Society*, v. 94, Issue 1, p. 65-96, 1988. Disponível em: https://doi.org/10.1111/j.1096-3642.1988.tb00882.x. Acesso em: 1 fev. 2014.

da luz ou guardando-os dentro de um tipo de bolsa. Para se adaptarem à escuridão abissal, os atlantes poderiam ter evoluído tais órgãos. Seria como se tivessem uma lanterna bem abaixo de seus olhos, que poderia ser "ligada" ou "desligada" utilizando para isso uma estrutura parecida com as pálpebras dos olhos de várias espécies animais. Ou poderiam guardar tais órgãos internamente em um tipo de bolsa, externando-os quando necessário. Claro que para isso necessitariam de um complexo sistema evolutivo.

Outra alternativa para os atlantes habitantes das zonas abissais seriam seus olhos captarem outros tipos de radiações além da luz visível, como o infravermelho.[44] Nas baixas temperaturas encontradas nessas grandes profundidades, esse tipo de radiação seria bem reduzido, mas poderiam servir de um auxílio a mais para suas atividades na falta de claridade.

Nos recentes filmes de *Aquaman* e em *Pantera Negra: Wakanda para sempre*, é revelado como as cidades de Atlântida e Talokan são iluminadas. Nos longas-metragens de *Aquaman*, Atlântida é uma cidade bem luzente e com cores vibrantes, em contraste com a escuridão das profundezas oceânicas. Como fonte de iluminação, é utilizada a bioluminescência em construções e vegetações que formam grandes florestas de plantas aquáticas. Também são utilizadas lavas incandescentes fluindo de abundantes vulcões submarinos. Nesse caso, a primeira forma de iluminação natural em Atlântida é até aceitável, mas a segunda um pouco controversa. A temperatura do magma pode atingir 1.300 °C ao ser expelido para a superfície, com isso a lava imediatamente vaporizaria a água com a qual entrasse em contato. Em vez de viabilizar a visualização, ela poderia ser ainda mais prejudicada pelas bolhas de vapores de água formadas.

Em Talokan, conforme revelado em *Pantera Negra: Wakanda para sempre*, além da utilização da bioluminescência natural, Namor construiu uma fonte de luz própria, chamada de Sastun. Em diálogo com Shuri é revelado:

"É lindo. É feito de Vibranium?", indaga a princesa. *"Sim. Nas profundezas do oceano, eu trouxe o Sol para o meu povo."*, responde Namor.

Feita do metal vibranium, ela brilha o suficiente para iluminar a capital de Talokan, só não se tem uma explicação de como Sastun produz sua própria energia luminosa. No caso das estrelas existentes em nossa galáxia, elas emitem luz e outras radiações mediante o processo de fusão nuclear[45] que

[44] Para saber mais sobre o funcionamento do mecanismo da visão e a possibilidade de enxergar a radiação ultravioleta, ver capítulo destinado à Mulher Invisível em *A Física e os Super-Heróis Vol.1.*

[45] Para saber sobre o processo de fusão nuclear, ver o tópico "De onde vem sua energia", do capítulo destinado ao Magneto em *A física e os super-heróis Vol. 2.*

ocorre nos gases presentes em seu interior. Nesse caso, a luz é emitida por conta das elevadas temperaturas atingidas durante o turbulento processo de fusão nuclear. Assim como ocorre com a vaporização das lavas vulcânicas, esse agitado processo poderia dificultar a já deficiente visualização.

1.13 AS ASAS NO TORNOZELO

As mutações sofridas por Namor, sejam fruto da união entre espécies diferentes, sejam resultantes da ingestão de uma planta por sua mãe, deram a ele um par de apêndices em cada um dos tornozelos. Isso fez seu povo, assim que nasceu, chamá-lo de 'K'uk'ulkan', o Deus da Serpente Emplumada, uma divindade mesoamericana que pode rastejar com seu povo e vagar pelos céus.[46] Os pequenos pares de asas concedem a Namor a habilidade de flutuar e voar. Mas será que a física permitiria que um par de asas tão pequeno pudessem levar Namor a voar como um pássaro e em grandes velocidades? Vejamos! Apesar de singelo aos olhos, o voo não é uma tarefa muito simples de ser executada. Para que ocorra, é necessário vencer duas forças: a força peso, a atração gravitacional que mantém os seres "grudados" ao chão, e a força de atrito com o ar enquanto o corpo se move. Essas forças podem ser vencidas pelo bater das asas de uma ave, por turbinas, hélices ou foguetes que exercem forças propulsoras. Como o herói utiliza-se de asas, compara-se seu voo com o das aves.

Para que o voo inicie, é preciso uma força para que o corpo supere seu estado de inércia e comece o movimento. Nas aves, essa força é exercida pelo bater das asas, denominada de força de propulsão. Uma vez no ar, tem-se a força de sustentação, que vai se opor à força peso, dando estabilidade e não deixando que o corpo do animal perca altura. Seus motores propulsores são os músculos do peito responsáveis pelo batimento das asas.[47] Elas se utilizarão da terceira lei de Newton[48] para alçar voo. As asas empurram uma massa de ar para trás e para baixo, criando a força de ascensão sobre si, projetando-se para frente ou para cima. Quanto mais ocorre o bater das asas, mais a ave ganha altura. Elas deslocam certa massa de ar forçando-os para baixo, o que cria a sustentação empurrando-os pelos céus, mas isso não é o bastante para que voem; cada componente anatômico do animal foi

[46] Essa versão é contada no filme *Pantera Negra: Wakanda para sempre* (2022).

[47] COMO as aves voam. Disponível em: https://www2.ibb.unesp.br/Museu_Escola/Ensino_Fundamental/Animais_JD_Botanico/aves/aves_biologia_geral_voo.htm#:~:text=A%20ave%20cria%20a%20força,só%20para%20manter%20a%20altura. Acesso em: 1 jan. 2024.

[48] Ver tópico "A capacidade de voar", do capítulo destinado ao Superman em *A Física e os Super-Heróis Vol 2.*

perfeitamente projetado para isso. Além de uma musculatura densa e volumosa em proporção ao seu tamanho, o formato aerodinâmico do corpo e o esqueleto oco são essenciais para que sejam exímios voadores. Esses animais ainda contam com bolsas de ar conectadas em seus pulmões, cuja função é diminuir ainda mais seu peso em relação ao seu volume. O peso corporal das aves está em perfeito equilíbrio com sua força muscular e envergadura.

Ao contrário dos pássaros, o corpo humano foi adaptado para viver em solo. Possuímos esqueleto consideravelmente denso, pesado ao comparado com as aves. Mesmo se tivéssemos asas em nosso corpo, os braços e o peito de um ser humano não possuem massa muscular suficiente para fornecer a força necessária para que se supere a força peso[49] essencial para levantar o corpo do chão. Os músculos mais fortes do corpo humano estão localizados nas pernas e, pelo menos em teoria, teriam forças suficientes para tal finalidade. Mas, para isso, as asas deveriam possuir algo em torno de 25 m de envergadura[50] ou mais. Além disso, deveriam ser feitas com um material bem leve, pois seu peso se somaria ao do corpo humano, requerendo uma força de propulsão ascendente bem maior. Porém, esse valor é conflitante. De acordo com outra informação, a envergadura das asas deveriam ser de "apenas" 6,7 m e ligada aos músculos do peito.[51] Entretanto, os cálculos realizados para se chegar a esse valor não levam em conta o peso adicional da própria asa e requerem que os músculos da área peitoral sejam extremamente desenvolvidos. Seja qual for o valor da envergadura necessária para que o corpo humano alce voo, o fato é que a minúsculas asas de Namor não seriam suficientes para criar força para vencer a força gravitacional para tirá-lo do chão e elevá-lo aos céus.

A família dos morcegos é a única dos mamíferos que possui a capacidade de voar. Com uma massa média de 20 g para cada grama de massa, no morcego há 5 cm ^{2} de área de asa.[52] Seguindo essa proporção, se Namor tivesse 90 kg, deveria ser dotado com 45 m^2 de asas, algo com 9,0 m de comprimento por 5,0 m de largura, seriam asas grandes o suficiente para lhe trazer alguns embaraços. Porém, de acordo com a Lei do Quadro e do

[49] Sobre a força peso, ver o tópico "Poderes na gravidade da Terra", do capítulo destinado ao Superman em *A física e os Super-Heróis Vol.2*

[50] Ver reportagem *Can humans fly like birds?*. Disponível em: https://engineering.mit.edu/engage/ask-an-engineer/can-humans-fly-like-birds/. Acesso em: 1 jan. 2024.

[51] Good Question: Could humans fly if we had wings? Disponível em: https://www.eastidahonews.com/2017/05/good-question-humans-fly-wings/#:~:text=%E2%80%9CAs%20an%20organism%20grows%2C%20its,be%20too%20heavy%20to%20function.%E2%80%9D. Acesso em: 1 jan. 2024.

[52] WING loading. *Science Learning* Hub, 2011. Disponível em: https://www.sciencelearn.org.nz/resources/301-wing-loading. Acesso em: 1 jan. 2024.

Cubo[53], o comprimento, a área e o volume não crescem de forma linear. O volume de um corpo, que está relacionado ao seu peso, cresce com o cubo de seu comprimento e a área com o quadrado. Dessa forma, quanto maior for a área acrescida em seu corpo, maior será o aumento de seu peso, dificultando ainda mais o voo.

Entre a maior espécie de morcegos, está a raposa-voadora, que pode pesar até 2 k, com uma envergadura de asas de algo próximo de 2 m, um metro de envergadura para cada quilo corporal. Com 90 kg, se Namor seguisse essa proporção encontrada na natureza, deveria ter asas com 90 m de envergadura. Para bater suas asas, não poderia ter nada em torno de si em um raio de 45 m, e voar não seria nada fácil para o herói. É provável que o mecanismo de voo de Namor não seja suas asas, e que, assim como Superman[54], ele tenha algum mecanismo de propulsão desconhecido.

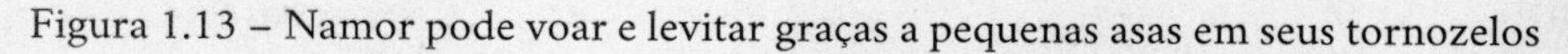

Figura 1.13 – Namor pode voar e levitar graças a pequenas asas em seus tornozelos

Fonte: ilustração de Letícia Machado

[53] A lei do quadrado-cubo, ou lei quadrático-cúbica, descreve a relação entre a área e o volume de um corpo à medida que suas dimensões aumentam ou diminuem. Foi descrita, pela primeira vez, em 1638, pelo físico italiano Galileu Galilei (1564-1642) em seu livro *Discurso e Demonstrações Matemáticas em torno de Duas Novas Ciências* (*Discorsi e Dimostrazioni Matematiche intorno a Due Nuove Scienze*). Para melhor compreensão, sugiro a leitura dos tópicos "A lei do quadrado-cubo e o infortúnio de ser um gigante", no capítulo destinado ao Incrível Hulk, e "A força proporcional ao tamanho", no capítulo destinado do Homem-Formiga, em *A Física e os Super-Heróis Vol.2.*

[54] A possibilidade do voo do Superman foi analisada no tópico "A capacidade de voar" em *A física e os Super-Heróis Vol.2.*

1.14 COMO AQUAMAN E NAMOR SE HIDRATAM?

Vivendo no fundo dos oceanos ou passando boa parte do tempo nele, como Aquaman e Namor repõem todo o líquido que é perdido constantemente pelo organismo? Essa perda de líquidos é intensificada por suas atividades intensas, como nadar em alta velocidade e guerrear com os inimigos. Será que, para não sofrerem desidratação, eles bebem água do mar? A água do mar contém diversos tipos de sais dissolvidos, especialmente o cloreto de sódio (NaCl), que inclusive é de onde vem uma boa parte do sal que usamos como tempero nos alimentos. Ao beber essa água, os rins não conseguem retirar o excesso de sais durante o processo de filtragem do sangue. Com o excesso de sal retido no sangue, o organismo necessita de mais água para diluí-lo. Para isso, utiliza parte do líquido presente no corpo, fazendo com que o corpo precise de mais água, ocorrendo a desidratação. A ingestão de água pura é que pode amenizar esse quadro, diminuindo a concentração de sais no sangue.

Os mamíferos que vivem no mar, como baleias, focas e golfinhos, adaptaram seus corpos para retirar dos alimentos a água que necessitam para sobreviver, mas, se beberem a água salgada involuntariamente, contam com uma alta eficiência de seus rins para retirar o sal em excesso de seu organismo. No tópico "O assombroso consumo de energia", foi presumido que Aquaman e Namor deveriam consumir centenas de milhares de quilos de peixes em um tempo bem reduzido para suprir o consumo energético necessário em suas atividades heroicas no fundo do mar. Se essa possibilidade fosse real, eles poderiam retirar dos alimentos o líquido necessário para se hidratarem. Ou poderiam ter um sistema urinário altamente eficaz como as lontras marinhas, os únicos mamíferos que aparentemente bebem a água salgada do mar de forma voluntária. Os peixes podem utilizar suas brânquias para essa filtração. Para sobreviverem embaixo d'água, os povos subaquáticos deveriam encontrar um meio para retirar o excesso de sal de seu organismo e hidratar seus corpos com as salgadas águas oceânicas.

CAPÍTULO 2

THOR

Thor foi criado pelo editor estadunidense Stan Lee (Stanley Martin Lieber, 1922-2018) e por seu compatriota, o desenhista Jack Kirby (1917-1994). Foi lançado na antologia de ficção científica *Journey into Mystery* #83, em 1962, livremente inspirado no mitológico Thor, deus dos trovões e das batalhas. Na mitologia germânica (também chamada de escandinava), Thor é filho de Odin, o deus supremo de Asgard, e Jord, a deusa de Midgard. A lenda descreve a existência de nove mundos conhecidos como os Nove Mundos da Mitologia Nórdica, entre os quais estão Asgard, o reino dos deuses, e Midgard, que representa a Terra, o reino dos humanos. Caracterizado por sua força e arrogância, Thor utiliza como arma um martelo de guerra mágico, chamado Mjölnir. Além de potencializar seus poderes de convocar tempestades e raios, o martelo nunca erra seu alvo e sempre retorna às suas mãos. Thor é irmão de Loki, o deus das trapaças e mentiras, adotado ainda bebê por Odin. Devido à inveja que sente de Thor, por achar ser este o filho mais querido de Odin, Loki está sempre tramando a morte do irmão e a posse do trono de Asgard.

Seu comportamento arrogante e impulsivo faz Thor invadir o reino dos Gigantes de Gelo, violando um tratado de paz estabelecido por Odin. Para punir o filho e lhe ensinar a virtude que lhe faltava para que um dia assumisse o reino de Asgard, Odin retira seus poderes e o manda à Terra para se tornar humilde e merecedor do trono. Com Thor, o deus supremo envia também Mjölnir, após lançar-lhe um encantamento com o qual Thor só conseguirá erguê-la ao obter sua alma nobre. Despido de suas lembranças como um dos deuses de Asgard, logo sem saber quem de fato é, Thor vive na Terra como um talentoso médico, chamado de Donald Blake. Em uma viagem à Noruega, o doutor se defronta com uma nave com seres de outro planeta numa tentativa de invadir a Terra. Em fuga, ele se abriga em uma caverna, onde encontra uma bengala de madeira retorcida. Com ela em mãos, acidentalmente, a golpeia contra uma rocha, transformando o pedaço de madeira na lendária Mjölnir, enquanto ele se transforma no poderoso Thor. Com a recuperação de suas lembranças e sua identidade divina, a

Terra ganha um destemido defensor, um dos fundadores dos Vingadores. Como super-herói, Thor é provido de enorme força, velocidade e invulnerabilidade, capaz de controlar tempestades, gerando relâmpagos e furacões.

2.1 A BIFROST E OS BURACOS DE MINHOCA

Segundo a mitologia nórdica, Asgard é interligada aos nove reinos por uma espécie de ponte chamada Bifrost. Ela é evocada sempre que os deuses querem viajar entre os reinos, como de Asgard para Midgard, território dos mortais, e surge como um grande arco-íris no céu. Admitindo isso, sempre que os povos nórdicos viam o fenômeno celeste, acreditavam que os deuses tinham acabado de visitar nosso mundo para realizar conselhos ou atender a alguma solicitação dos que aqui viviam. A Bifrost tinha como guardião o deus Heimdall (o que tudo vê), um dos filhos de Odin. No universo cinematográfico da Marvel, essa passagem entre os mundos é representada por aquilo que a ciência chama de "Ponte de Einstein-Rosen". Também conhecidos como "buracos de minhoca"[55], seriam uma hipotética passagem no espaço-tempo que conectaria diretamente dois pontos distantes dentro do universo e que surgiram como "soluções de vácuo"[56] para as equações de campo de Albert Einstein (1879-1955). Foram propostas pelo próprio Einstein e pelo físico estadunidense naturalizado israelense Nathan Rosen (1909-1995), quando publicaram o resultado, em 1935, originando daí o nome desse fenômeno: "Ponte de Einstein-Rosen". Vejamos melhor o que são e como podem ser criados.

Em sua teoria da relatividade[57], Einstein ampliou o conceito de gravidade para além de uma força atrativa que surge por meio da interação entre os corpos, como descrito na mecânica clássica apresentada pelo físico inglês Isaac Newton (1643-1727).

> A partir de 1905, Einstein começou a apresentar ao mundo sua Teoria da Relatividade. Ela ampliou a noção de um espaço tridimensional dividido em comprimento, largura e altura, para vivência em um Universo tetradimensional em que o tempo foi incorporado às dimensões espaciais. Esse sistema de

[55] Os buracos de minhocas foram abordados no tópico "Pegando um atalho", do capítulo destinado ao Superman em *A Física e os Super-Heróis Vol.1*. Sugiro a leitura para maior compreensão.

[56] Nas chamadas "solução de vácuo", considera-se que não há interações com a matéria, ou seja, desconsideram-se fontes gravitacionais.

[57] Teoria da relatividade é a denominação dada à teoria da relatividade restrita e à teoria da relatividade geral, do físico Albert Einstein (1879-1955), propostas e publicadas em 1905 e 1915, respectivamente.

> coordenadas em que o tempo é integrante da dimensão espacial é chamado de espaço-tempo. O espaço-tempo é representado por Einstein como uma espécie de tecido elástico que permeia todo o Universo. Se colocar um corpo qualquer em cima de um tecido elástico esticado, este irá afundar por conta do peso daquele corpo, quanto maior for a massa, maior será a distensão. É exatamente isso que ocorre com os corpos celestes, eles aprofundam o tecido do espaço-tempo ao seu entorno. E quanto mais massa tiver, maior será a deformação e mais eles afundarão o espaço-tempo com este corpo bem no centro da deformação. Quando se observa um corpo celeste orbitando ao outro, na verdade se observa a trajetória criada pela distorção do espaço-tempo causado por ambas as massas. Nesse conceito, a gravidade deixa de ser uma força que se propaga ao longo do espaço, passando a ser o formato do espaço-tempo na presença de um corpo que dirá como os outros corpos se comportarão ao seu redor. Se um corpo estiver se movendo por essa deformação no espaço-tempo, ele tenderá a ir ao encontro com a massa que está no centro e que provocou essa deformação, eis aí a gravidade segundo Einstein.[58]

A deformação do espaço tempo está relacionada com a força gravitacional ou, mais intrinsecamente, ambos representariam uma mesma realidade, porém descrita por perspectivas diferentes. Desse modo, quanto maior for a deformação provocada por uma massa, maior será a força de atração gravitacional exercida pelas massas que causaram tal deformação. Existem corpos com uma densidade tão grande que a distorção causada na geometria do espaço-tempo é intensa (assim como sua força de atração gravitacional) e nada pode escapar dela, nem mesmo a luz. Esses corpos são chamados de buracos-negros.

> Existem dois tipos de buracos negros, os estelares e os supermassivos, a ciência sabe muito pouco sobre estes últimos. Os estelares são formados quando as estrelas consomem todo seu combustível, encerrando seu ciclo de vida. Nesse estágio do final de suas vidas, a força gravitacional dessas estrelas é tão intensa que supera as forças eletromagnéticas e quânticas que mantém a estrutura da matéria. Essa desigualdade entre estas forças provoca o chamado colapso gravitacional, compactando toda a matéria numa região extremamente pequena, formando os buracos negros.[59]

---

[58] COELHO, R. *A Física e os Super-Heróis Vol. 1.* Curitiba: Editora Appris, 2023. p. 120.

[59] COELHO, R. *A Física e os Super-Heróis Vol. 2.* Curitiba: Editora Appris, 2023. p. 82.

Essa região bem pequena formada pelo colapso gravitacional, onde se concentra toda a massa da estrela que lhe deu origem, é chamada de singularidade e seria um ponto no espaço com uma densidade infinita, logo uma gravidade infinita. Ao entorno dessa singularidade, cria-se o horizonte de eventos, a partir do qual a força da gravidade é tão intensa que nada lhe pode escapar. Por isso, é também chamada de ponto de não retorno, seria uma delimitação no espaço onde se começaria o buraco-negro. Se algo ultrapassar o horizonte de eventos, não terá como se desvencilhar da atração gravitacional, cairá por essa deformação no tecido do espaço-tempo em direção à singularidade que lhe provocou. A partir daí, não se sabe ao certo o que acontecerá com aquilo que ultrapassou o horizonte de eventos, mas é provável que seja aniquilado pela intensa força gravitacional, tendo sua massa e/ou energia incorporadas à massa/energia do Buraco Negro.

Se a estrela que provocou a singularidade estiver girando, em vez de um ponto, essa singularidade poderá ser um círculo. Assim, teríamos uma deformidade no espaço-tempo, um buraco, em que seu final (a parte mais profunda) não seria um ponto, mas aberta como um anel. Essa abertura poderia ser uma passagem que levaria a outros pontos distantes no Universo. Poderia servir como um portal que conduziria, até mesmo, a períodos históricos diferentes de nosso Universo ou levaria para Universos paralelos, caso existissem. Esses portais alternativos são chamados de Ponte de Einstein-Rosen ou, como ficaram popularmente conhecidos, "buracos de minhoca" (Figura 2.1).

A Teoria da Relatividade Geral prevê a existência de atalhos no Universo, popularmente conhecidos como "buracos de minhoca". Também chamados de "Ponte de Einstein-Rosen", eles seriam uma curta passagem no espaço-tempo que conectaria duas regiões distantes do Universo ou, até mesmo, poderia ser a conexão entre Universos distintos. De acordo com a relatividade, o tecido do espaço-tempo pode ser encurvado pela massa (gravidade). Imagine você deitado em um colchão bem macio criando, nesse colchão, uma deformidade em decorrência de seu peso. Quanto mais pesado for, maior será a deformidade que criará. Imagine você com uma massa tão grande, que ficará completamente afundado no colchão, deixando, bem próximas, a superfície superior da superfície inferior do colchão, a ponto de que elas praticamente se toquem. Imagine agora um ácaro passeando pela superfície superior do colchão. Ele dando a volta pelo colchão até atingir o mesmo ponto em que se encontra, só que na parte de baixo da superfície. Para o ácaro, existirá um trajeto mais prático e rápido. Ao invés de dar a volta caminhando todo o trajeto por ambas as superfícies, ele poderá chegar até o outro lado percorrendo a deformidade que foi criada pela massa deitada no colchão. E quando atingir o ponto mais baixo, criar um pequeno túnel ligando as duas superfícies e atravessá-lo. Pronto, ele teria chegado ao seu destino sem a necessidade de percorrer o longo caminho por toda a superfície do colchão. Essa é a ideia dos buracos de minhoca, criar intensos campos gravitacionais nos dois pontos do Universo que se queira conectar. Isso dobrará o tecido do espaço-tempo, diminuindo a distância existente entre esses dois pontos.[60]

Figura 2.1 – Representação de um buraco de minhoca, uma curta passagem no espaço--tempo que conecta diretamente duas regiões distintas do Universo

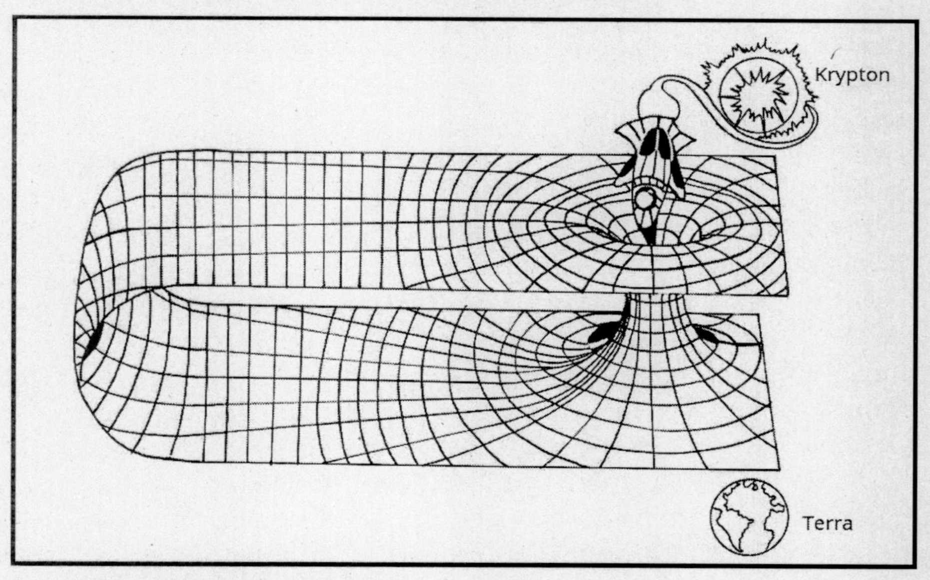

Fonte: ilustração de Letícia Machado

A luz é um tipo de radiação cuja velocidade de propagação no vácuo é imposta como limite, e nada pode viajar mais rápido que ela. Nosso Universo é tão grande, e as coisas nele estão tão distantes, que, para a luz atravessar nossa galáxia, a Via Láctea levaria dezenas de milhares de anos. Essa distância poderia ser encurtada se fosse possível criar um buraco de

[60] COELHO, R. A Física e os Super-Heróis Vol.1. Curitiba: Editora Appris, 2023. p. 26.

minhoca, em que a entrada seria um buraco negro. A outra extremidade desse túnel funcionaria de modo contrário, ao invés de sugar a matéria e a energia a sua volta, expeliria o material sugado, lançando-o no espaço. Esses atalhos poderiam ser grandes o suficiente para possibilitar que se deslocasse por eles. Porém, na prática, as coisas não são tão fáceis assim, o primeiro impedimento para isso é que, chegando próximo ao horizonte de eventos, os corpos passam por um processo chamado de "espaguetificação". Imagine uma pessoa caindo de pé em direção ao buraco negro, as forças gravitacionais que experimentariam seriam tão intensas que as extremidades do corpo experimentariam ambientes gravitacionais drasticamente diversos, como os pés sendo puxados com forças de intensidade maior que a cabeça. A pessoa ficaria com as partes de seu corpo mais alongadas, como um macarrão escorrido e disforme.

Pelo menos em teoria, é possível criar os buracos de minhocas de forma artificial. Contudo, outro entrave para utilizá-los como locomoção entre dois pontos distantes no Universo é relacionado à sua duração após serem criados dessa maneira. Com as intensas forças de atração gravitacional em seu interior, depois de formado, um buraco negro se aniquilaria quase instantaneamente. Sua duração seria tão breve que nem a luz teria tempo de atravessá-lo. Para mantê-los abertos, seria preciso criar uma força repulsiva em suas estruturas que se opusesse à força gravitacional, evitando que entrassem em colapso. Essa força de repulsão pode ser criada por algo que tenha energia negativa, contrapondo-se à atração gravitacional. Essa força antigravitacional pode ser criada pela chamada *matéria exótica*, algo formado por massa e energia negativas. Isso pode provocar espanto, como algo poderia ter massa e energia negativa? Em ciências exatas, o conceito de algo negativo não é tão absurdo assim. Ao estudar matemática, quantas vezes o leitor não encontrou um valor negativo para a incógnita "X" nas equações de primeiro e segundo graus, por exemplo? Nas equações que descrevem a teoria de campo da Relatividade Geral, existe a possibilidade da existência dessa energia negativa, que seria repulsiva, e, ao invés de atrair, repeliria as coisas. O próprio corpo teórico da física quântica aceita a existência da energia negativa a nível quântico, o impasse seria aplicá-la na relatividade.

> O problema é que existe uma incompatibilidade entre as duas principais teorias que descrevem o Universo: A Relatividade Geral, que se aplica ao universo macro como estrelas e buracos-negros, e a Mecânica Quântica que descreve o universo subatômico. Cada uma consegue descrever os fenômenos

> e explicá-los muito bem ao seu contexto, mas fracassam ao serem aplicadas uma ao universo da outra. [...] Desde Albert Einstein, a ciência vem buscando, sem sucesso, uma teoria que unifique a Relatividade e a Teoria Quântica e que possa ser aplicada em ambas as realidades. Einstein inclusive passou seus últimos anos de vida buscando o que passou a ser chamado de Teoria de Tudo, que seria uma única formulação matemática que descreveria as realidades do universo macro e micro.[61]

Uma civilização tecnologicamente mais avançada poderia já ter encontrado esse Santo Graal da física e unificado a relatividade com a mecânica quântica, numa Teoria Quântica da Gravitação. Seria um salto extraordinário para que se pudesse criar os buracos de minhoca pelo Universo. Essa civilização avançada poderia encontrar um meio de manipular a energia negativa dando estabilidade aos buracos de minhoca para que permanecessem abertos o tempo necessário, sem se importar por minutos, horas ou dias. Quem sabe essa civilização não seria Asgard?

O filme *Thor* (EUA, 2011) nos conta a história em que Odin envia o deus do trovão à Terra para aprender as virtudes necessárias que lhe garantam o trono de Asgard. Ele é encontrado por Jane Foster (interpretada pela atriz Natalie Portman) que, para dar uma característica mais científica ao filme, deixa de ser enfermeira, como nas histórias em quadrinhos, e assume o papel de uma astrofísica, e pelo cientista Erik Selvig (interpretado pelo ator Stellan Skarsgard). Na cena, ambos estão pesquisando fenômenos atmosféricos durante uma intensa tempestade, e Jane teoriza com Erik o que poderia ser aquela tormenta, mantendo o seguinte diálogo:

"*Não acha que foi uma tempestade magnética?*", especula Jane analisando dados em um computador. E continua: "*Esses feixes são característicos de uma Ponte de Einstein-Rosen.*"

Erik incrédulo explica para Darcy (interpretada pela atriz Kat Dennings), a assistente do casal, o que é uma Ponte de Einstein-Rosen:

" *Uma ponte Einstein-Rosen é uma conexão teórica entre dois pontos do espaço-tempo.*" E Jane complementa:

"*É um buraco de minhoca.*"

Durante a tempestade, eles encontram um atordoado Thor (Christopher Hemsworth), que conta sua origem e que chegou até ali pela Bifrost,

[61] COELHO, R. *A Física e os Super-Heróis Vol.1.* Curitiba: Editora Appris, 2023. p. 121.

uma ponte de arco-íris. Erik fica descrente da história, mas Jane é convicta de que os fenômenos que presenciaram durante a tempestade descrevem a formação de um buraco de minhoca. A cientista acredita que o banimento de Thor para a Terra não apenas tem relação com a tempestade como também foi a sua causa. Admitindo que a Bifrost descrita por Thor é na verdade um buraco de minhoca, vai além:

"Se tem uma ponte de Einstein-Rosen, então tem alguma coisa do outro lado. Seres desenvolvidos podem tê-la atravessado".

Asgard é descrita, nos filmes do universo Marvel, como uma civilização mais avançada cientificamente. Eles poderiam ter conseguido a unificação entre a Relatividade e a Mecânica Quântica, e isso teria levado ao desenvolvimento da tecnologia necessária para a criação dos buracos de minhocas. Para criá-los do tamanho necessário ao teletransporte, seria preciso uma intensa demanda energética. No filme *Thor* (EUA,2011), o local onde a Bifrost é instalada parece um canhão que ejeta raios coloridos (lembrando um arco-íris), que promove um tipo de abertura no espaço-tempo, possibilitando o deslocamento por ele. Esse local deve prover a energia necessária para criar os buracos de minhocas. Não basta dominar a teoria e a tecnologia, para a criação de tais passagens se faz necessário também um grande consumo energético, e parece que os asgardianos, de alguma modo, conseguiram resolver esse entrave da demanda energética. No final e no início de um arco-íris dos asgardianos, há muito mais que potes de ouro.

2.2 O INCRÍVEL MARTELO MJÖLNIR

Thor tem como principal arma um poderoso martelo mágico de cabo curto chamado Mjölnir. Segundo sua mitologia, o martelo foi forjado a mando de Odin por anões moradores de Nidavellir, lar de grandes ferreiros, que fazem armas e joias para os deuses. O martelo foi forjado utilizando um raro metal chamado Uru, substância especial que faz parte de um satélite natural destruído durante uma briga dos Deuses Ancestrais, cujo fragmento caiu em Nidavellir. Odin é presenteado com tal fragmento pelos anões moradores do reino. Após uma batalha com a Deusa da Tempestade, Odin a aprisiona nesse fragmento e dele pede para que os ferreiros anões construam a poderosa arma. O metal é tão resistente que os anões precisam utilizar o calor de uma estrela para conseguir moldá-lo. De início, o martelo é utilizado por Hela (deusa do Reino dos Mortos), filha de Odin, e que o ajudou a conquistar os Nove Reinos. Após revelar sua natureza má, ele toma a arma da filha e a bane para o mundo inferior, que passa a receber seu nome. Muito tempo depois, Mjölnir é repassado a Thor quando, aparentemente, estava pronto para ser coroado rei de Asgard. Quando Thor é banido para a Terra, Odin envia junto seu martelo, mas com um encantamento que permite apenas aos que são dignos poder empunhá-lo. Mjölnir sempre obedece aos comandos e a vontade de Thor, retorna à sua mão livremente e independente das distâncias. É capaz de gerar grandes descargas elétricas e, em movimento, serve como meio de transporte para seu usuário.

Vários personagens já tentaram erguer Mjölnir, todos sem sucesso, com exceção de um seleto grupo que se apresentou digno para tal. Nem mesmo Hulk, com sua força ilimitada, conseguiu erguê-lo. Isso pode nos fazer pensar, erroneamente, que o martelo de Thor é incrivelmente pesado. Até o astrofísico estadunidense Neil deGrasse Tyson[62], diretor do Planetário de Hayden, entrou na polêmica e publicou numa rede social que a arma pesaria 225 quintilhões de toneladas.[63] Na verdade, Mjölnir não seria tão pesado assim, seu peso deve estar na casa de 19 quilos,[64] segundo informações da própria Marvel. O erro do ilustre astrofísico foi supor que a arma é formada pelo mesmo material das estrelas de nêutrons, que está entre os corpos mais densos do Universo. "A única coisa mais densa que uma destas estrelas é um buraco negro. Para se ter uma ideia de sua densidade, uma colher de chá de matéria de uma estrela de nêutrons pesaria algo em torno de 100 milhões de toneladas".[65] Segundo a mitologia nórdica, Mjölnir foi forjada em uma estrela moribunda. O processo que dá origem às estrelas de nêutrons são as supernovas, que ocorrem quando uma estrela consome todo o seu combustível no ciclo final de suas vidas. Após entrarem em colapso gravitacional, que pode ser comparado à morte da estrela, dão origem às estrelas nêutrons. Logo, pode ser dito que uma estrela de nêutrons é uma estrela moribunda. Como uma quantidade mínima de pessoas conseguiu erguer o martelo de Thor, acreditou-se que ele fosse extremamente pesado. E como a história relata que foi fabricado no núcleo de uma estrela moribunda, acredita-se que foi construído com a matéria de uma estrela de nêutrons, mas a verdade é que a arma é formada pelo misterioso metal Uru e foi forjada no núcleo da estrela apenas para utilizar o calor para moldá-la.

---

[62] Neil DeGrasse Tyson é um astrofísico e escritor estadunidense, notabilizou-se ao apresentar o programa Cosmos: Uma Odisseia do Espaço-Tempo ("Cosmos: A Spacetime Odyssey"), refilmagem da clássica série Cosmos, apresentado por Carl Sagan nos anos 1990.

[63] Para chegar a esse valor, Tyson considerou as dimensões do martelo e a densidade do material que seria formado.

[64] https://urbandud.files.wordpress.com/2011/08/detail-128-thors-hammer.jpg?w=550.

[65] Veja: CROSTA de estrela é 10 bilhões de vezes mais forte que o aço, diz estudo. Disponível em: https://www.bbc.com/portuguese/noticias/2009/05/090514_estrelaresistentefn. Acesso em: 1 jan. 2024.

Ao longo da extensa história de Thor, vários seres superpoderosos já tentaram levantar o martelo sem sucesso, o que reforça a crença de que seja incrivelmente pesado. Em uma cena do filme *Vingadores: Era de Ultron* (*Avengers: Age of Ultron*, EUA 2015)[66], assistimos a todos os membros da equipe sentados numa sala, em um momento descontraído, conjecturando sobre a impossibilidade de levantar o martelo. Mjölnir está sob uma mesa de centro, quando Thor provoca os heróis para tentar erguê-la. Aceitando o desafio, um a um empenha-se sem sucesso. Nem mesmo Capitão América, com toda sua força, ou o Homem de Ferro, com seus jatos propulsores, obtém sucesso. Sem se importar com a força aplicada, o martelo mágico não levanta um centímetro, o que aparentemente é explicado por seu suposto peso. Porém, se fosse tão pesado, a mesa de centro não suportaria e sucumbiria assim que o martelo fosse colocado sobre ela. E Thor, ao estar com ela em punho, seria tão pesado quanto sua arma.

No primeiro filme de *Thor* (EUA, 2011), ao banir o filho para a Terra, Odin sussurra para o martelo: "*quem quer que segure este martelo, se for digno, possuirá o poder de Thor*". Esse encantamento é o responsável pelo insucesso dos que tentam erguê-lo. Será que a magia dos deuses é a única explicação da impossibilidade dos indignos em empunhar Mjölnir? Jim Kakalios, professor de astronomia da Universidade de Minnesota, lançou uma teoria de que Mjölnir poderia aumentar sua massa emitindo grávitons.[67] No livro *A Física e os Super-Heróis volume 1*, no tópico "A corneta paralisadora e a teoria das cordas", recorre-se aos grávitons para explicar como a poderosa arma de Chapolin Colorado poderia anular o movimento de pessoas e objetos, inclusive em queda. O livro nos traz um esclarecimento sobre os grávitons:

> A teoria quântica já comprovou que das quatro forças da natureza, três são transmitidas por partículas elementares: a força eletromagnética através do fóton, a força nuclear forte pelo glúon e a força nuclear fraca pelo bóson. Os cientistas acreditam que assim como essas, a força gravitacional também é transportada por uma partícula elementar, os *grávitons*. Ao contrário das outras três, os grávitons ainda não foram detectados [...]

[66] AVENGERS: AGE OF ULTRON. Direção: Joss Whedon. Estados Unidos: Walt Disney Studios, 2015. 1 DVD (141 min.)

[67] Ver reportagem "Finally, Science Explains Why No One Can Lift Thor's Hammer". Disponível em: https://www-wired-com.translate.goog/2014/11/can-hulk-lift-thors-hammer/?_x_tr_sl=en&_x_tr_tl=pt&_x_tr_hl=pt-BR&_x_tr_pto=sc. Acesso em: 1 jan. 2024.

Como discutido no tópico "A Bifrost e os buracos de minhoca", a Física necessita de uma formulação matemática que uma a relatividade com a mecânica quântica. A Teoria das Cordas se apresenta como uma das candidatas para essa possível unificação.

> Basicamente, a teoria das cordas afirma que as unidades fundamentais da natureza são cordas de energias vibrantes que são constituintes de toda a matéria e suas diferentes frequências de vibração irão descrever os diversos tipos de partículas elementares que darão origem. [...] A teoria das cordas também ampliou nossa visão de um Universo de três dimensões espaciais para dez dimensões espaciais e mais a dimensão do tempo. [...]Dentre as partículas que essas cordas de energia que vibram em onze dimensões dão origem, estaria o gráviton, a partícula que transmite a gravidade entre os corpos. É aqui que pode entrar o poder da Corneta Paralisadora ao deixar congelados em pleno ar objetos que estavam em queda. De algum modo, a corneta poderia defletir os grávitons que estão sendo direcionados ao objeto em queda, fazendo com que essas partículas o contornassem. Sem ser atingido pelos grávitons, o objeto estaria livre da ação da gravidade, passando a flutuar.[68]

Kakalios lança a hipótese de que o metal Uru tenha justamente a capacidade de emitir grávitons, possibilitando que varie seu peso. Assim, quando uma pessoa indigna tenta erguer Mjölnir, o metal Uru emite grávitons para aumentar o peso do martelo. Essa emissão de grávitons é na quantidade suficiente para anular a força sobre ele aplicada para cima por quem objetiva levantá-lo. Quanto mais esforço é feito para erguer o martelo, maior será a taxa de emissão de grávitons para mantê-lo imóvel. Quando essa força deixa de ser aplicada, a emissão de grávitons se encerra, fazendo com que Mjölnir retorne ao seu peso habitual.

Voltemos à cena do filme *Vingadores: a era de Ultron* na qual os integrantes da equipe tentam erguer Mjölnir. Nessa tentativa, o martelo aumenta seu peso para que não tenham sucesso. Como há duas forças de sentidos opostos sendo aplicadas sobre o mesmo corpo (a força peso e o esforço feito sobre o martelo para erguê-lo), elas se anulam de forma a deixar inalterada a força que o martelo exerce sobre a mesa. Por isso, a mesa não é despedaçada pelo peso do martelo. Assim, como a corneta paralisadora poderia manipular os grávitons, o mesmo poderia fazer Mjölnir. Talvez atraia os

[68] COELHO, R. *A Física e os Super-Heróis Vol. 1.* Curitiba: Editora Appris, 2023. p. 121.

grávitons existentes nas outras dimensões previstas pela teoria das cordas, para posteriormente emiti-los variando seu peso.

Fica sem elucidação como Mjölnir define quem é digno, provavelmente seja de acordo com o que Odin avalia e considera quem possa erguê-lo. Talvez a explicação esteja realmente na magia lançada por Odin, mas não exatamente naquilo que se considera como tal. No filme *Thor* (EUA, 2011), em um diálogo entre o casal de astrofísicos, Erik é descrente da origem asgardiana de Thor que o próprio contara. Após encontrar um livro sobre mitologia nórdica, o cientista afirma que toda aquela história não passa de um conto infantil. Ao mostrar o livro para Jane, ele revela onde o havia encontrado, afirmando com indiferença e descrença:

"Encontrei o livro na sessão infantil, eu só queria lhe mostrar como a história dele era boba".

Continuando em seu ceticismo, Erik afirma que tudo aquilo não passa de um mito, de pura magia, ao que Jane retruca:

"Magia é apenas ciência que não entendemos ainda", atribuindo a frase a Arthur C. Clark. Erik contesta afirmando que o autor escrevia ficção científica, ao que Jane rebate:

"Uma precursora do fato científico".

No livro *Profiles of the Future: An Inquiry into the Limits of the Possible* ("Perfis do futuro: um inquérito dentro dos limites do possível"), de 1962, Arthur C. Clarke publicou o ensaio "Hazards of Prophecy: The Failure of Imagination" ("Perigo da profecia: a falha da imaginação"). Nesse escrito, o autor tratou do que mais tarde ficou conhecido como as três leis de Clarke, que falam acerca da relação entre o homem e a tecnologia. Na terceira lei, o escritor afirma que não se pode fazer uma distinção entre magia e uma tecnologia suficientemente avançada. Atualmente, a afirmação é utilizada para conjecturar como seria nossa percepção se fossemos visitados por uma espécie alienígena mais avançada tecnologicamente. Se seres vindos de outros planetas, ou quem sabe outros universos, tivessem dominado a tecnologia para chegar até aqui, seriam considerados deuses entre nós. Toda sua ciência desconhecida, nós chamaríamos de magia. Talvez essa fosse a mesma conduta de nossos ancestrais se visitássemos nosso longínquo passado ostentando nosso mais avançado conhecimento tecnológico.

Em *Vingadores: a era de Ultron* (EUA, 2015), na cena citada dos heróis reunidos tentando erguer Mjölnir, Tony Stark especula que há um biossensor na haste do martelo responsável por reconhecer quando Thor o segura.

Quem sabe Tony Stark não esteja certo, e o que chamamos de encantamento de Odin seja tecnologia de ponta, a qual não se saberia distingui-la de magia? Os próprios ferreiros anões de Nidavellir que forjaram Mjölnir poderiam ser cientistas de posse de um conhecimento tecnológico tal, que o consideremos lendas e mitos de crianças, como afirmou Erik Selvig, no diálogo com Jane Foster. Assim, os asgardianos, ou qualquer um dos deuses nórdicos, poderiam ser uma raça extraterrena, cujo desenvolvimento tecnológico chegou a tal ponto que suas habilidades são interpretadas como magia para nós.

2.3 VOANDO COM MJÖLNIR

Quando o herói Thor foi criado na década de 1960 pela dupla Stan Lee e Jack Kirby, o deus do trovão só podia voar utilizando o Mjölnir. Como um poderoso deus, filho de Odin, os autores poderiam, simplesmente, ter conferido a ele a habilidade do voo sem alguma causa aparente, como a maioria dos heróis. Fugindo de uma explicação simplória, a dupla trouxe uma causa que até pode ter o respaldo da Física. Para poder alçar voo, Thor ergue Mjölnir sobre sua cabeça girando-a incrivelmente rápido. Após isso, solta o martelo na direção que deseja seguir e, em frações de segundos, segura na tira de couro presa na extremidade do cabo, permitindo que seja puxado pelo martelo. Nos quadrinhos, isso não se segue como uma regra; em algumas ocasiões, outros artistas representaram Thor com uma aparente habilidade de voar. Nos atuais filmes da Marvel, o personagem é dependente de Mjölnir para voar. Porém, em alguns momentos, também utiliza Stormbreaker para tal. Além disso, alça pequenos voos, aparentemente pegando impulso do solo.

A todos os corpos que estão em movimento são atribuídos uma grandeza denominada *momento linear*, também chamada de quantidade de movimento (**Q**), que é representada pelo produto de sua massa por sua velocidade. Quando uma força **F** atua em um corpo durante um determinado intervalo de tempo Δt, o produto das duas grandezas é definido como impulso ($\mathbf{I} = \mathbf{F}.\Delta t$). Quando Thor gira seu martelo, confere a ele um impulso. Ao arremessá-lo e retornar a segurá-lo rapidamente, esse impulso é transferido para Thor, e ambos passam a se mover juntos. Porém, isso apenas ocorreria se Mjölnir possuísse uma quantidade de movimento suficiente para fazer Thor sair de seu estado de inércia. No Quadro 2.1, é determinada sua velocidade de voo ao utilizar seu martelo.

Quadro 2.1

Não é simples atribuir um valor para a velocidade com a qual Thor consegue arremessar Mjölnir. Na prática esportiva de lançamento de martelo, considerada uma das mais difíceis do atletismo, os atletas de alto nível conseguem arremessá-los a 108 km/h.[69] Será considerado que Thor consegue arremessá--lo no mínimo com essa velocidade. Pode-se questionar que o deus do trovão imponha velocidades muito maiores que essa, mas considera-se que, enquanto o martelo da prática esportiva possui uma massa de aproximadamente 7 kg, Mjölnir poderia adquirir uma massa maior, por exemplo 1.000 kg. No exato momento em que é solta, a arma terá uma quantidade de movimento (Q)[70] associada à sua massa e a essa velocidade, que será dado por:

$$\boxed{Q = m.v} \qquad (I)$$

Considera-se que Thor tenha 100 kg, ao voltar a segurar Mjölnir, sua massa é somada à do martelo, e ambos passam a se mover como um único corpo de 1.100 kg. Desconsiderando-se eventuais dissipações de energia, a quantidade de movimento antes (**Qa**), e após se moverem juntos (**Qd**) conserva-se. Isso significa que **Qa** e **Qd** devem ter sempre o mesmo valor. Para isso, após moverem-se juntos, a velocidade de ambos terá que diminuir a um valor menor de 108 Km/h. Como houve aumento da massa do conjunto, quando Thor e Mjölnir passaram a se mover juntos, a velocidade de ambos deverá diminuir proporcionalmente para compensar o aumento da massa, de tal modo que mantenha o mesmo valor de **Qd.** Para calcular essa velocidade, iguala-se a quantidade de movimento antes com a quantidade de movimento após, adotando:

M → massa de Mjölnir = 1.000 kg;

$\mathbf{v_i}$ → velocidade inicial de Mjölnir = 108 km/h;

m→ massa de Thor = 100 kg;

$\mathbf{v_f}$ → velocidade final do conjunto (M + m).

$$Q_a = Q_d$$

$$Mv_i = \left(M + m\right).v_f$$

---

[69] Ver: BIOMECÂNICA nos jogos olímpicos- lançamento do martelo. *Blog da Sociedade Brasileira de Biomecânica*, 2016. Disponível em: http://biomecanicabrasil.blogspot.com/2016/08/biomecanica-nos-jogos-olimpicos_15.html#:~:text=As%20velocidades%20escalares%20alcan%C3%A7adas%20nos,o%20martelo%20durante%20os%20giros. Acesso em: 1 jan. 2024.

[70] É definido como o momento linear de um corpo em movimento, também chamado de quantidade de movimento (**Q**), o produto de sua massa por sua velocidade. A quantidade de movimento é uma grandeza essencial para o estudo da transferência de energia entre corpos que interagem entre si.

$$1000.108 = \left(1000 + 100\right)v_f$$

$$v_f = 98k / h$$

Após segurar Mjölnir, ambos se movem a 98 km/h, o que não deixaria Thor tão veloz assim. Porém, aceitando que Mjölnir possa manipular os grávitons[71] para alterar sua massa, poderia utilizar-se disso para aumentar a velocidade quando ambos estão movendo-se juntos. Para que a quantidade de movimento seja conservada, se a massa de Mjölnir diminuir, a velocidade com a qual ambos se movem terá que aumentar proporcionalmente para que a igualdade da quantidade de movimento se mantenha. Quanto menor for sua massa, maior será a velocidade do conjunto massa de Mjölnir mais massa de Thor.[72] Considere que o martelo retorne sua massa para os 19 kg, fazendo com que sua massa somada a de Thor seja de 119 kg. Para esse caso, determina-se o aumento de velocidade com que ambos passarão a se mover após a diminuição da massa de Mjölnir (Quadro 2.2):

Quadro 2.2

Iguala-se a quantidade de movimento antes e após Mjölnir voltar sua massa para 19 kg, onde tem-se:

$\mathbf{M_i}$ → massa inicial de Mjölnir = 1.000 kg

$\mathbf{v_i}$ → velocidade inicial ao moverem-se juntos = 98 km/h

m→ massa de Thor = 100 kg

$\mathbf{M_f}$ → massa final reduzida de Mjölnir = 19 kg

$\mathbf{v_f}$ → velocidade final após Mjölnir reduzir sua massa.

$$Q_a = Q_d$$

$$(M_i + m).V_i = \left(M_f + m\right).V_f$$

$$\left(1000 + 100\right).98 = \left(19 + 100\right).v_f$$

[71] Sobre os grávitons, ver tópico "O incrível martelo Mjölnir".

[72] Veja artigo: CONSERVAÇÃO de momento linear de sistemas de massa variável. Disponível em: https://propg.ufabc.edu.br/mnpef-sites/leis-de-conservacao/conservacao-de-momento-linear-de-sistemas-de-massa-variavel/. Acesso em: 1 jan. 2024.

$$107.800 = 119v_f$$

$$v_f = 906km/h$$

Ao retornar sua massa para 19 kg enquanto voa, Mjölnir possibilitaria que a velocidade de Thor aumentasse para 906 km/h durante o voo, agora sim com uma velocidade que condiz a de um deus.

2.4 CONVOCANDO TEMPESTADES

O poder mais emblemático de Thor está ligado à eletrocinética, um ramo da eletricidade que estuda a corrente elétrica, os fenômenos que a ela são relacionados e como pode ser criada e manipulada. O deus do Trovão utiliza seu martelo como arma para convocar tempestades e, principalmente, raios para direcioná-los contra seus alvos. Thor não necessita de Mjölnir para manifestar esses poderes. O herói também é capaz de gerar e descarregar relâmpagos com suas mãos, provocando enormes explosões de energia elétrica, destruindo carros, prédios e até montanhas, além de mandar os inimigos pelos ares. Porém, quando canaliza seus poderes por meio do martelo, eles são potencializados, fazendo com que seja sua principal arma, essencial para manter Asgard a salvo das investidas inimigas. Poder controlar raios e tempestades, umas das mais poderosas forças da natureza, confere ao personagem um status especial, uma condição divina, fazendo dele um dos heróis mais formidáveis da Marvel. Será analisado, de acordo com a ciência, o que é preciso para que o herói manifeste esse poder.

Os raios são oriundos das nuvens, portanto, para convocá-los, Thor deve, antes de tudo, ter a capacidade de criar nuvens, e não pode ser qualquer uma; é preciso que sejam as fascinantes nuvens de tempestade, conhecidas como nuvens cúmulos-nimbo. Todas as nuvens são formadas por partículas de água que evaporam a partir da superfície terrestre. Essa água evaporada está presente nas florestas, nos rios, nos mares e, até mesmo, no ar, em forma de vapor.

> Uma parcela de ar contendo vapor, isto é, ar úmido, ao ser aquecido próximo da superfície da Terra, expande-se, diminuindo sua densidade, e, com isso, tende a subir. À medida que vai subindo, o vapor vai se condensando ao

> encontrar menores temperaturas. A condensação do vapor d'água depende da existência de pequenas partículas, como grãos de sal, poeira ou partículas provenientes da atividade industrial, denominados núcleos de condensação. [...] É o vapor condensado em gotículas de água, juntamente com os diferentes tipos de partículas de gelo que se formam, que se tornam visíveis como uma nuvem. Uma típica nuvem de tempestade contém algo em torno de meio milhão de toneladas de água e gelo.[73]

Como pode ser notado, o processo de formação de uma nuvem não é nada simples. Na formação das nuvens de tempestade, esse processo é intensificado com o aumento da temperatura ambiente, por isso, em geral, as tempestades são mais frequentes e rigorosas no verão. Para que Thor produzisse uma nuvem de tempestade com o objetivo de utilizar os raios que são característicos, deveria acelerar o processo de evaporação natural da água. Tal intensificação da evaporação deveria ser provocada com o aumento da temperatura ambiente no local onde se queira invocar os raios. De alguma forma, Thor deveria fornecer a energia necessária para provocar esse aquecimento, e não é só isso. As nuvens de tempestade possuem meio milhão de toneladas de água, volume distribuído nas dezenas de quilômetros de extensão e diâmetro dessas nuvens. Assim, o local em que se pretendesse produzi-las, ou seu entorno, deveria ser úmido o suficiente ou ter meios de oferecer a umidade necessária como em florestas, lagos e mares. Sem essa fonte de umidade, a formação das nuvens é dificultada. Pode-se admitir que Thor consiga produzir nuvens bem menores, atenuando uma possível pouca umidade ou a insuficiência de fontes para que seja obtida. Com essa questão resolvida, e aceitando que ele, de algum modo, consegue acelerar o processo de evaporação com um aumento local da temperatura, surge outro entrave: como o herói poderia convocar os raios e utilizá-los como uma arma? Veja a seguir.

2.5 EVOCANDO RAIOS

Para que Thor pudesse utilizar os raios como uma arma, ele se valeria das nuvens formadas naturalmente, mas isso limitaria o uso de seu poder, apenas para o local e o tempo da ocorrência das nuvens. Ou poderia ter a habilidade de interferir no processo de formação das nuvens de tempes-

[73] PINTO JR., O.; PINTO, I. de A. *Relâmpagos*. São Paulo: Editora Brasiliense, 2008. p. 43.

tade. Aqui será admitido que ele possa, de forma desconhecida, provocar a formação de tais nuvens. Para compreender como o Deus do Trovão pode utilizar os relâmpagos, entenda o que são e como podem ser formados:

> Existem diversos tipos de relâmpagos, classificados em função do local onde se originam e do local onde terminam. Eles podem ocorrer da nuvem para o solo ou do solo para a nuvem [...], dentro da nuvem, da nuvem para um ponto qualquer da atmosfera [...], ou ainda entre nuvens.[74]

O que é chamado de raio são descargas elétricas de grande energia, que formam uma trajetória ramificada entre as partes envolvidas (as nuvens e a superfície da Terra). Eles não são visíveis, mas, quando parte dessa energia elétrica é transformada em luminosa, passam a ser vistas, sendo chamadas de relâmpagos. Portanto, pode ser dito que o relâmpago é o clarão que vemos dos raios.

No interior das nuvens cúmulos-nimbo, ocorre uma turbulenta movimentação de suas massas constituintes com movimentos ascendentes e descendentes. É um processo turbulento em que essas partículas deslocam-se verticalmente a 100 km/h,[75] promovendo a eletrização das partes mediante o atrito entre elas. Os movimentos descendentes são realizados por gotículas de água que aumentam de tamanho e peso arrancando elétrons das massas que ascendem. Com isso, têm-se as cargas negativas localizadas na base da nuvem.

> A terra normalmente é rica em elétrons que podem se mover de um lugar para outro; quando existe uma nuvem carregada nas proximidades, os elétrons são repelidos pela carga negativa da base da nuvem. Ao perder elétrons, a terra abaixo da nuvem fica com carga positiva. Essa carga e as cargas das nuvens produzem um grande campo elétrico entre a terra e a nuvem. Se o campo excede um valor crítico, ocorre uma descarga, que começa na base da nuvem, quando alguns elétrons saltam de repente em direção a pequena quantidade de carga positiva que existe nas proximidades.
>
> Em seguida, um *líder escalonado* começa a serpentear em direção a terra, *ionizando átomos* (removendo elétrons da última camada) e levando parte das cargas negativas da nuvem para a terra. [...][76]

---

[74] PINTO JR., O.; PINTO, I. de A. *Relâmpagos*. São Paulo: Editora Brasiliense, 2008. p. 14.

[75] A informação consta no livro "Relâmpagos" de Osmar Pinto Jr. e Iara de Almeida Pinto.

[76] WALKER, J. *O circo voador da física*. 2. ed. Rio de Janeiro: LTC, 2012. p. 223.

Assim ocorre a formação dos raios (Figura 2.2), o grande problema está na dificuldade em prever com exatidão o local e o momento onde vão cair, inclusive esse é o maior empecilho para captar e aproveitar sua energia. De igual modo, seria um impeditivo para que Thor os utilizassem como arma, a não ser que aproveitasse Mjölnir como um para-raios. Para que as cargas elétricas transitem entre as nuvens e a terra, é preciso passar pelo ar, que não é um bom condutor e apresenta certa dificuldade para que as cargas elétricas trafeguem por ele. A função de um para-raios é proporcionar ao relâmpago um caminho de baixa resistência ao líder escalonado para que as cargas elétricas transitem com maior facilidade (Figura 2.2). Eles funcionam da seguinte maneira:

> O para-raios é uma haste condutora colocada na parte mais alta do local que se quer proteger, tendo na sua ponta um material metálico de altíssima resistência ao calor, denominado capacitor. O capacitor possui várias pontas para distribuir o impacto da descarga elétrica. A haste tem forma pontiaguda de modo a intensificar na sua extremidade o campo elétrico produzido pelas cargas contidas dentro da nuvem, fazendo com que a resistência elétrica do ar seja rompida nesse ponto e, com isso, facilitando a queda do relâmpago sobre ela. A outra ponta da haste é ligada por cabos condutores metálicos a barras também metálicas enterradas no solo, formando um sistema de aterramento. O propósito do para-raios é iniciar uma descarga conectante sempre que um raio se aproximar a algumas dezenas de metros dele, criando um caminho de baixa resistência de tal modo que o relâmpago vindo da nuvem percorra esse caminho escoando em direção ao solo.[77]

[77] PINTO JR., O.; PINTO, I. de A. *Relâmpagos*. São Paulo: Editora Brasiliense, 2008. p. 75.

Figura 2.2 – Representação de raio entre a nuvem e a superfície da terrestre[78]

Fonte: ilustração de Letícia Machado

Para que Thor pudesse criar os raios, deveria, em primeiro lugar, ser capaz de formar as nuvens de tempestade cúmulos-nimbo em conjunto às mudanças ambientais e atmosféricas necessárias. Aqui, seu poder não estaria na formação dos raios em si, pois sua criação estaria relacionada com as dinâmicas internas das nuvens de tempestade. A habilidade de Thor estaria em estimular a criação das descargas elétricas, além de atraí-las para que, a partir das nuvens, incidissem em um ponto bem específico, como em um para-raios. Essa poderia ser a função de Mjölnir, proporcionar às cargas elétricas oriundas das nuvens um caminho de baixa resistência para a terra após a formação do líder escalonado na base da nuvem e nas proximidades onde Thor se encontra. Além de contar com Mjölnir como seu para-raios, Thor deveria dispor da sorte para a formação do líder escalonado no momento exato e no local próximo de onde se encontrasse.

[78] Nos raios entre a nuvem e a superfície terrestre, a descarga elétrica parte da base da nuvem, com cargas negativas, em direção às cargas positivas presentes próximas à superfície da Terra. O para-raios, localizado no telhado da casa, cria um caminho de baixa resistência, atraindo a descarga elétrica e a conduzindo para o solo, evitando danos e acidentes.

Acreditando que Mjölnir possa ser utilizado para tal propósito, em vez de propor o ataque com uma intensa descarga elétrica, atraindo para si os raios, Thor passaria a ser a vítima, ao tomar um choque que poderia ser fatal. O choque é uma reação do organismo à passagem das cargas elétricas,[79] que pode causar sensações diversas. As reações podem variar, como uma simples sensação de formigamento, passando por dores e outras reações, que vão desde queimaduras à parada respiratória, até a morte. O fator determinante para a consequência do choque é a intensidade da corrente que atravessa o corpo; uma corrente de 3 amperes (A) pode ser fatal. Os relâmpagos que partem das nuvens em direção ao solo são caracterizados por uma corrente que pode ultrapassar 20.000 A, o que daria um fim ao Deus do Trovão, caso fosse atingido.

Para ser vítima de choque, a corrente elétrica deve percorrer o corpo da vítima, para isso é necessário que exista um ponto de entrada e um ponto de fuga, por onde ela parte em direção ao solo. O ponto de entrada das cargas elétricas no corpo de Thor seria a mão que segura Mjölnir, já o ponto de saída seriam seus pés. Os calçados podem isolar o corpo do solo, evitando que alguém seja vítima de choque. Para isso, devem ser feitos de material isolante, como a borracha, e o solado deve ter espessura suficiente. Um exemplo desses calçados são as botas de borracha utilizadas por trabalhadores que manuseiam fios e cabos elétricos. Com esse material isolante, a corrente não terá o ponto de fuga, descaracterizando as condições para a ocorrência do choque. A primeira medida de proteção para Thor não ser vítima dos choques que atrai por intermédio de Mjölnir seria utilizar sapatos isolantes com grossos solados de borracha.

Mesmo com grossos solados de borracha, em algumas ocasiões as botas não podem conceder a proteção necessária. O grande problema é que, sob tensões e correntes elétricas de alta intensidade, como são as que caracterizam os relâmpagos, esses calçados podem não ser suficientes para isolar o corpo. Por isso, Thor deveria desviar as descargas elétricas antes que alcançassem seu corpo, até mesmo, direcionando-as para a incidência nos adversários. Se os relâmpagos são descargas elétricas que se propagam em direção à terra, como poderia Thor alterar sua trajetória redirecionando-os para seu alvo?

---

[79] Essa movimentação das cargas elétricas percorrendo um caminho condutor é o que se caracteriza como corrente elétrica.

O ar é isolante para as cargas elétricas. Na formação dos raios, o campo elétrico entre as nuvens e a terra é intenso o suficiente para romper a barreira formada pelo ar, possibilitando o deslocamento das cargas elétricas. Conforme os raios se locomovem pelo ar, vão procurando um caminho que lhes ofereça menor resistência. Por isso, os relâmpagos são vistos em uma trajetória irregular, e não em uma linha reta. As cargas elétricas caem ziguezagueando, buscando os trajetos que lhe sejam mais acessíveis, que são os gases ionizados, melhores condutores que o ar ao redor. Se Thor criasse pelo ar um caminho de menor resistência para as cargas elétricas, poderia desviá-las de si e redirecionar os relâmpagos para seu alvo.

Atualmente, existem estudos que objetivam o redirecionamento dos raios por meio de lasers apontados para o céu. Um desses experimentos foi realizado, em 2021, por um grupo de pesquisadores do projeto Laser Lightning Rod (LLR).[80] O projeto é uma iniciativa europeia lançada com o propósito de desenvolver um sistema laser para controlar o local de incidência de raios, protegendo construções, como aeroportos e usinas, de possíveis descargas. A prática é apontar um laser para o céu, cruzando o caminho acima do local a ser protegido. O laser aquecerá o ar ao longo de seu trajeto, ionizando suas moléculas e criando um caminho de menor resistência para a passagem dos raios. Ao atingi-lo, os raios seguirão por esse caminho condutor até um para-raios localizado próximo à emissão do laser, sendo dissipados pelo sistema de aterramento. Em outro estudo, também utilizando laser para alterar a trajetória dos raios,[81] pesquisadores da Australian National University, da University of New South Wales, Texas A&M, e da University of California, Los Angeles, fizeram uso do grafeno. Dentre os materiais produzidos através de nosso conhecimento tecnológico, o grafeno é o melhor condutor que se tem à disposição. Constituído por uma camada extremamente fina de grafite, é formado por átomos de carbono organizados em estruturas hexagonais que facilitam a movimentação dos elétrons. Essa característica faz dele um excelente condutor de eletricidade. Nesse estudo, os pesquisadores emitiram um laser de núcleo oco e em seu interior introduziram micropartículas de grafeno, criando um caminho perfeito para a passagem das cargas elétricas. Além disso, o próprio laser, ao aquecer e ionizar as moléculas dos gases em volta, ajuda a criar um caminho ainda mais condutivo.

---

[80] HOUARD, A. *et al.* Laser-guided lightning. *Nat. Photon,* [*s. l.*], v. 17, p. 231-235, 2023.

[81] SHVEDOV, V. *et al.* Optical beaming of electrical discharges. *Nat Commun,* [*s. l.*], v. 11, 5306, 2020.

Com esses estudos demonstrando que é possível criar caminhos alternativos para a passagem dos raios, pode-se imaginar que também é concebível desviar sua trajetória. Para isso, Mjölnir deveria emitir algum tipo de laser que criaria esse caminho condutor em direção ao alvo de Thor. Os raios partindo das nuvens em direção à Mjölnir, e atuando como um para-raios, momentos antes de acertá-las, seriam desviados, atingindo em seguida os adversários. Pode-se questionar que nunca foi visto Thor emitindo luminosos feixes de laser por meio de Mjölnir em direção aos adversários, mas o martelo encantado poderia emitir laser na frequência abaixo da luz visível, como o infravermelho. O martelo de Thor deve ser equipado com uma tecnologia suficiente para emiti-los, criando um caminho condutor para que os raios pudessem ser desviados em direção aos adversários e possibilitando um poderoso golpe elétrico.

2.6 O PODEROSO GOLPE ELÉTRICO DE MJÖLNIR

A formação dos raios envolve enorme quantidade de energia. Estima-se que, nos relâmpagos que partem das nuvens, a diferença de potencial entre a base dessas nuvens e o solo é de cem milhões de volts (1.10^8 V).[82] Os raios duram em média um terço de segundo com correntes elétricas que podem ultrapassar 20.000 A, transferindo uma média de 20 coulombs de carga elétrica para o solo.[83] Independentemente da capacidade de Thor em formar as nuvens de tempestade, Mjölnir pode ser uma poderosa arma ao atrair os raios e desviá-los para desferi-los sobre os alvos do Deus do Trovão. Para ter uma noção da quantidade de energia envolvida ao utilizar os raios como uma arma, pode-se calcular o quanto de energia é produzida em sua emissão.

A potência é uma grandeza física que nos diz a quantidade de energia concedida ou consumida por unidade de tempo. No Sistema Internacional de Unidades (SI), sua unidade é o watts (W), homenagem ao inventor escocês James Watt (1736 a 1819).[84] A potência de um watts (1 W) é o equivalente

---

[82] THE USE of Finite-Element Based Programs in the Study of Atmospheric Phenomena. Disponível em: https://www.researchgate.net/publication/259642168_The_Use_of_Finite-Element_Based_Programs_in_the_Study_of_Atmospheric_Phenomena/link/0046352d0487eb7bcd000000/download. Acesso em: 1 jan. 2024.

[83] A informação consta no livro *Relâmpagos*, de Osmar Pinto Jr. e Iara de Almeida Pinto.

[84] James Watt foi um matemático e engenheiro britânico que apresentou melhorias no motor a vapor que representou um passo importante para a Revolução Industrial.

a uma troca energética de um joules (J)[85] por segundo. Se um certo corpo tem, por exemplo, uma potência de 2 W, significa que cada segundo trocará 2 J de energia. Tendo conhecimento disso, é possível estimar a quantidade de energia trocada por esse corpo em um determinado intervalo de tempo. Em dois segundos, a energia trocada será de 4 J e em três segundos, 6 J. Relaciona-se a energia trocada por um corpo com sua potência e um determinado intervalo de tempo por meio da equação:

$$\boxed{E = P.t} \qquad (II)$$

Ao se levar em consideração que essa energia trocada é a elétrica, a potência se relaciona com a corrente elétrica e a voltagem pela equação:

$$\boxed{P = V.i} \qquad (III)$$

Substituindo a equação (III) em (II), tem-se

$$\boxed{E = V.i.t} \qquad (IV)$$

A equação (IV) nos diz que a energia elétrica produzida ou consumida depende da tensão elétrica (voltagem) da corrente elétrica e do tempo. Com esses dados, pode-se calcular a quantidade de energia liberada pelas nuvens de tempestade durante a emissão de um raio.

[85] A unidade de medida de energia no Sistema Internacional de Medidas é o joule (J), uma referência ao físico britânico James Prescott Joule (1818-1889) que, entre outras coisas, estudou a natureza do calor e sua relação com o trabalho mecânico.

Quadro 2.3

Para calcular a quantidade de energia envolvida durante a emissão de um raio, pode-se fazer uso da equação (IV). Para isso, considera-se que a tensão (V) formada entre a base das nuvens e o solo é da ordem de cem milhões de volts (1.10^8 V) e que a corrente elétrica (i) é de 20.000 amperes (2.10^4 A). A energia transferida pelos raios, ao atingir um objeto depende, entre outros fatores, do tempo em que ficou em contato com o corpo. Considerando que essa descarga ocorre em um milésimo de segundo (1.10^{-3} s), substituindo esses dados na equação (IV), a troca de energia envolvida será:

$$E = V.i.t$$

$$E = 1.10^8 x10.^4 10^{-3}$$

$$E = 1.10^9 \, Joules$$

Se a duração de um raio for de um terço de segundo (1/3 s), a troca energética será:

$$E = V.i.t$$

$$E = 1.10^8 x10.^4 x \frac{1}{3}$$

$$E = 0,7.10^{12} \, Joules$$

A quantidade de energia em um único raio seria de um bilhão (1.10^9) de joules em uma descarga elétrica de um milissegundo ou de 0,7 trilhões ($0,7.10^{12}$) de joules, com uma duração de um terço de segundo (0,33 s). Esse é um tempo médio para as maiorias dos raios nuvem-solo, mas, em algumas ocasiões, a formação das descargas elétricas nas nuvens até seu destino final pode levar cerca de dois segundos. Para esse caso, a quantidade de energia envolvida será:

$$E = 1.10^8 x10.^4 x2$$

$$E = 8.10^{12} \, Joules$$

A energia contida na emissão de um raio por uma típica nuvem de tempestade é de quase 1 trilhão de joules, podendo chegar a 8 trilhões. Se assumirmos que Mjölnir pode transferir essa quantidade de energia com uma eficiência de 100%, essa seria a quantidade de energia recebida pelo alvo de Thor em um de seus golpes. Seria como se um de seus adversários fossem atingidos por uma pequena bomba nuclear.

A energia envolvida na emissão de um raio, durante uma tempestade, equipara-se à energia liberada durante a explosão de uma pequena bomba atômica. Porém, não é visto algo como uma bomba nuclear explodindo na superfície terrestre todas as vezes que cai um raio, pois a maior parte dessa energia é transformada em outros tipos de energia durante o trajeto da nuvem até a superfície:

> A maior parte da energia do relâmpago (mais de 95%) é gasta na expansão do ar nos primeiros metros ao redor do canal, sendo o restante convertido em energia térmica (cerca de 1%), energia acústica (cerca de 1%) e energia eletromagnética ([...] cerca de 1% na forma de luz). Portanto, cerca de 1% da energia total do relâmpago pode ser aproveitada no solo.[86]

Boa parte dessa energia potencial elétrica é transformada em calor. Um raio pode atingir facilmente uma temperatura de 30.000 °C, valor maior que a temperatura na superfície do Sol, próxima a 6.000 °C. Além da energia térmica, a energia presente nos raios também é transformada em luz e no som dos trovões. Com isso, os raios atingem a superfície com apenas um por cento da energia gerada inicialmente. Considerando que essa energia seja de 1 trilhão de joules, a superfície terrestre seria atingida com 10 bilhões (10^{10}) de joules de energia. O Quadro 2.4, a seguir é feita a conversão dessa quantidade energética para o kwh:

Quadro 2.4

O Quilowatt-hora (Kwh) é a unidade utilizada para medir a quantidade de energia relacionada à demanda elétrica, como a energia consumida por aparelhos elétricos para fins domésticos ou industriais.

1 Kwh equivale a 3.600.000 ($3{,}6.10^6$) joules. Para que se saiba quantos kWh equivalem 10 bilhões de joules, monta-se a regra de três simples:

$$1 \text{ kwh} - 3{,}6.10^6 \text{J}$$

$$X - 10^{10}$$

Multiplicando cruzado, tem-se:

$$3{,}6.10^6 \text{J}.X = 10^{10}.1\text{kwh}$$

$$X = 0{,}3.10^4 \text{J} = 3000 \text{ kwh}$$

[86] Veja "Energia total" no site "Grupo de eletricidade atmosférica". Disponível em: http://www.inpe.br/webelat/homepage/menu/relamp/relampagos/energia.total.php#:~:text=Considerando%20que%20um%20relâmpago%20nuvem,seja%2C%20cerca%20de%20300%20kWh. Acesso em: 1 jan. 2024.

Caso um raio gerasse 1 trilhão de joules de energia, essa descarga elétrica atingiria a superfície terrestre com 10 bilhões de joules, ou 3.000 kwh, energia suficiente para abastecer uma residência por um ano. Porém, a intensidade energética da maioria dos raios é menor que isso, o que faz as trocas de energia envolvidas ficarem entre 500 quilowatts,[87] o que não é muito, representa um pouco mais que uma residência consome em um mês. Isso faria com que os golpes de descargas elétricas desferidos por Thor não fossem tão intensos. Ele poderia, de alguma forma, reduzir a conversão da energia potencial elétrica nas outras formas de energia (como a térmica, a luminosa e a sonora), o que potencializaria seus golpes. Com isso, seus raios direcionados seriam mais energéticos. Além disso, poderia aumentar o tempo de contato entre a descarga elétrica e seu alvo. Normalmente, esse contato ocorre em milésimos de segundo; quanto maior o tempo de contato, maior a quantidade energética trocada, maior sendo a intensidade do golpe.

2.7 O DEUS DO TROVÃO OU O DEUS DOS RAIOS?

Raios, relâmpagos e trovões são etapas distintas da ocorrência de um mesmo fenômeno atmosférico, a troca de cargas elétricas entre as nuvens de tempestade e o solo. O raio é o caminho que as cargas elétricas realizam entre as partes, uma descarga associada a uma grande quantidade de energia elétrica. Parte dessa energia é transformada em radiação eletromagnética na forma da luz visível, chamada de relâmpago. Outra parte é transformada em energia térmica, fazendo com que a temperatura ao entorno dos raios atinja os 30.000 °C. Esse aquecimento ocorre após os elétrons que trafegam com os raios atingirem violentamente as moléculas do ar em seu caminho. Com esse aumento abrupto de temperatura, o ar em contato com as descargas elétricas se expande violentamente. Com a velocidade da expansão do ar maior que a velocidade do som, uma onda de choque é formada, comprimindo o ar vizinho e se propagando em todas as direções. Esse estrondo sônico criado é chamado de trovão. Primeiramente, são vistos os raios para só depois serem ouvidos os trovões. Isso ocorre, pois a velocidade da luz é absurdamente maior que a do som. Enquanto a luz se propaga a 300.000.000 m/s, a velocidade do som no ar é de "apenas" 340 m/s. Isso significa que, ao passo que a luz percorre 300.000.000 metros a cada segundo, o som percorrerá apenas 340 metros.

[87] Ver: A ENERGIA dos raios pode ser aproveitada? *Superinteressante*, 2020. Disponível em: https://super.abril.com.br/mundo-estranho/a-energia-dos-raios-pode-ser-aproveitada. Acesso em: 1 jan. 2024.

O trovão é apenas a manifestação sonora dos raios, esses sim extremamente poderosos. Em vez de Thor ter recebido a alcunha de Deus do Trovão, poderia muito bem ser chamado como o Deus dos Relâmpagos ou, mais precisamente, o Deus dos Raios, pois o que o herói convoca e utiliza como uma poderosa arma são os raios. Porém, é bem provável que os povos antigos temessem mais os trovões, com seus estrondos pujantes e que faziam tremer o solo, que os relâmpagos. Por isso, no imaginário do povo nórdico, ao criar suas lendas, os associaram a um deus aos trovões.

CAPÍTULO 3

ELECTRO

Electro foi criado pela brilhante dupla formada pelo editor estadunidense Stan Lee (Stanley Martin Lieber, 1922-2018) e seu compatriota, o escritor Steve Ditko (Stephen J. Ditko, 1927-2018). Sua primeira aparição ocorreu na edição #9 de *The Amazing Spider-Man* em fevereiro de 1964. Ao personagem, cujo nome de batismo é Maxwell (Max) Dillion, foi dada uma infância conturbada. Max é filho de Jonattan Dillion, um homem instável e abusivo, e Anitta Dillion. Por ter um pai que não consegue se estabilizar em emprego algum, Max muda de cidade constantemente com a família. Muitas dessas mudanças são forçadas, por serem despejados por seu pai não conseguir arcar com o aluguel. Desempregado e passando por necessidades, Jonattan abandona sua família quando Max tem apenas 8 anos de idade. Anitta precisa trabalhar arduamente para dar conta da tarefa solitária de sustentar a família e educar Max, o que a faz criar um sentimento de superproteção pelo filho. Max, desde criança, tem sua curiosidade despertada pela eletricidade e sonha em ir para a faculdade cursar Engenharia Elétrica. Não querendo ficar longe do filho, Anitta o desencoraja ao ponto de proibi-lo de tal tentativa. Temendo uma emancipação de Max, que poderia levar a um desconvívio com o filho, Anitta sempre nutre um sentimento de inferioridade nele, o que reflete em sua personalidade tímida e pouco ambiciosa. Na juventude, Max consegue trabalho na empresa de energia elétrica de sua cidade, tornando-se rapidamente um dos principais funcionários. Aos 24 anos, sua mãe morre de um ataque cardíaco; logo após ele se casa com uma das executivas da empresa em que trabalha. Vendo Max acomodado com o baixo salário que recebe na empresa, sua esposa o abandona por não ver perspectiva de melhora financeira para o casal.

Por tudo o que passa, Max se transforma em uma pessoa amargurada, deixando para trás a bondade que lhe era característica. Em um dia de trabalho, um colega sofre um acidente e fica preso no alto de um poste. Gabaritado por ser o melhor funcionário, o chefe pede para Max tentar resgatá-lo, pois é o único com conhecimento necessário. Já pouco solidário, Max chantageia o chefe exigindo uma recompensa em dinheiro, o que é aceito pelo patrão. No momento do acidente, há uma grande tempestade chegando; após o regate, ainda no alto do poste, um raio atinge Max, que milagrosamente sobrevive. Posteriormente ele descobre que aquele raio fez seu corpo ficar carregado de eletricidade e lhe concedeu superpoderes elétricos. Ao aprender a controlar seus poderes, resolve utilizá-los para sobreviver, fazendo apresentações em um circo. Com uma crescente ambição por dinheiro, não querendo tornar-se um fracassado como o pai e ainda perdido com a perda de mãe, Max decide utilizar de seu poder para cometer pequenos furtos. Então, confecciona um traje e adota o codinome Electro.

Em um de seus crimes, assalta um banco onde J. J. Jameson está, na fuga utiliza seus poderes elétricos para escalar uma parede, o que faz Jameson concluir e estampar as capas dos jornais que Electro e o Homem- Aranha seriam a mesma pessoa. Isso força Peter Parker a tentar capturar Electro para provar o contrário. Na primeira tentativa, o Homem-Aranha é derrotado por uma descarga elétrica recebida ao tocar no corpo de Electro. Com a lição, volta mais preparado para um segundo combate. Utilizando luvas e calçados de borracha para evitar os choques, e com uma mangueira de água causa um curto-circuito no vilão conseguindo derrotá-lo.

Como um especialista em engenharia elétrica, Max consegue ampliar seus poderes, manipulando a eletricidade como ninguém. Além de conseguir produzir grandes quantidades de energia no interior de seu corpo, pode absorver a eletricidade ambiente para ficar ainda mais poderoso. Nos cinemas, sua história foi recontada em *O Espetacular Homem-Aranha 2: a ameaça de Electro* (EUA, 2014). No longa, Max Dillion (interpretado por Jamie Foxx) é um engenheiro elétrico que trabalha para a corporação Oscorp. Em um de seus trabalhos, a empresa realiza pesquisas na área de bioeletricidade produzida por enguias elétricas modificadas geneticamente. Ao sofrer um choque elétrico, Max cai no tanque que contém as enguias, ainda segurando o fio que o eletrocutou. As enguias o atacam, ele passa a receber intensas descargas elétricas, se transformando em um gerador elétrico vivo. Entre os poderes que adquire, seja no cinema, seja nos quadrinhos, estão o de emitir raios e qualquer tipo de descarga elétrica pelas mãos, detectar e controlar dispositivos elétricos, impor uma descarga elétrica em quem lhe encostar, manipular campos elétricos para voar, aumentar seu tamanho e viajar pela rede elétrica. Analisemos agora as possibilidades de Electro manifestar poderes elétricos.

3.1 A ELETRICIDADE NOS SERES VIVOS

O estudo da eletricidade é um dos mais significativos da ciência, pois, além de o fenômeno ser imprescindível à vida moderna, está presente no corpo humano. Só estamos vivos graças à eletricidade, pois é por meio dela que as células das diferentes partes do corpo se comunicam entre si, o que é chamado de bioeletricidade. No corpo humano, estão presentes dezenas de elementos químicos. Além de oxigênio, carbono e nitrogênio, há cálcio, fósforo, potássio, magnésio, cloro, enxofre, sódio etc. Esses elementos passam por um processo natural de reação química que causa a separação de seus átomos, formando os íons[88]. A bioeletricidade é gerada quando os elementos químicos eletricamente carregados circulam pelo corpo, na forma de uma corrente elétrica[89]. Ela é fundamental para que os organismos cresçam, sobrevivam e armazenem energia[90].

Todas as células são envoltas pela membrana celular, uma estrutura delimitadora que estabelece uma fronteira entre o meio intracelular e o ambiente extracelular. Esse ambiente extracelular é um meio aquoso formado por água e sais minerais, que compõe mais de 70% de nosso corpo. Pode causar espanto, mas 70% do corpo humano é formado por líquido, e essa solução em que as células estão inseridas é uma ótima condutora elétrica. Em eletricidade define-se como diferença de potencial elétrico (ddp) ou tensão elétrica, como um tipo de energia necessária para deslocar uma carga elétrica de um determinado ponto até outro. A ddp entre o interior das células e o meio externo, também chamado de *potencial de membrana*, pode variar de 5 Volts (V) a 100 mV, quase sempre com o interior negativo em relação ao exterior.[91] Nos tecidos biológicos, não existem elétrons livres para moverem-se ordenadamente como nos fios condutores para que as correntes elétricas sejam estabelecidas. Nesse caso, a causa principal da corrente elétrica é a distribuição desigual de íons entre o interior das células e o meio externo, separados pela membrana celular, a qual atuará como um capacitor[92], armazenando energia entre os dois meios envolvidos.

Alguns animais, como os peixes elétricos, além de produzir essas correntes internamente, podem gerá-la no ambiente. Enquanto nos seres

---

[88] Os íons são átomos, ou moléculas, que apresentam um desequilíbrio de cargas elétricas, ou seja, que perderam ou ganharam elétrons. Em seu estado natural, os átomos são eletricamente neutros, isso significa que possuem a mesma quantidade de cargas positivas (prótons) e negativas (elétrons). Ao ceder elétrons para outro átomo, ou ganhar, esse equilíbrio é rompido fazendo com que fique eletrizado.

[89] A corrente elétrica se caracteriza pela movimentação ordenada de cargas elétrica (elétrons e íons) em um meio condutor. Foi abordada no tópico "Explicando o magnetismo", no capítulo destinado ao personagem Magneto em *A física e os Super-Heróis Vol.2.*

[90] https://www.inovacaotecnologica.com.br/noticias/noticia.php?artigo=como-eletricidade-move-se-atraves-celulas&id=010815100315.

[91] Veja artigo: "Origem dos potenciais elétricos das células nervosas" de Jorge A. Quillfeldt. Disponível em: https://www.ufrgs.br/mnemoforos/arquivos/potenciais2005.pdf. Acesso em: 2 fev. 2024.

[92] Os capacitores são abordados no tópico "Personagens elétricos, capacitores ou baterias?".

humanos o potencial de membrana pode chegar a 0,1 V; nos peixes elétricos, como algumas espécies de enguias, essa voltagem pode ultrapassar 1.000 V, suficiente para atordoar ou mesmo matar muitas de suas vítimas. O poraquê (*Electrophorus electricus*) é uma temida espécie de peixe-elétrico existente na Bacia Amazônica e um dos animais mais temidos de seu habitat. O termo que lhe deu nome, "poraquê", vem da língua tupi e significa "o que faz dormir" ou "o que entorpece", em referência às descargas elétricas que produz, capaz de matar até mesmo um cavalo.[93] O que lhe permite gerar tal tensão elétrica são órgãos especiais localizados em seu abdômen, formados por células especiais chamadas de eletrócitos; cada uma delas pode gerar um potencial elétrico de cerca de 0,15 V. É uma tensão baixa, mas uma enguia adulta pode conter mais de 6 mil dessas células especializadas, que juntas podem gerar mais de 900 V. Essa tensão é suficiente para atordoar uma vítima, passando a ser uma presa fácil ao poraquê. Para comparação, uma bateria de celular gera uma tensão de 5 V, e as baterias de carro, 12 V.

3.2 PERSONAGENS ELÉTRICOS, CAPACITORES OU BATERIAS?

Existem dispositivos cuja função é armazenar energia para liberá-la em um momento oportuno, que são os capacitores e as baterias. Eles fornecem energia aos elétrons para que se movam ordenadamente, caracterizando a formação das correntes elétricas. São particularizados por sua voltagem, ou tensão, que está relacionada à quantidade de energia que fornecerão às cargas elétricas. As pilhas e baterias transformam a energia química proveniente de reações espontâneas em energia elétrica. Uma pilha de 1,5 volts fornece 1,5 joules de energia para cada um coulomb de carga. O Coulomb é a unidade de medida de carga elétrica no Sistema Internacional. É uma homenagem ao físico francês Charles Augustin de Coulomb (1736-1806), cujos trabalhos trouxeram significativas contribuições aos estudos da eletricidade. Considerado um dos maiores experimentadores da ciência, ficou conhecido por determinar a Lei da Força Elétrica entre cargas, mostrando que era semelhante à Lei da Gravitação Universal de Isaac Newton. Também conhecida como lei de Coulomb, ela afirma que a força entre duas cargas elétricas é proporcional ao produto das cargas e inversamente proporcional ao quadrado da distância que as separam. É representada pela seguinte equação:

[93] ÂNGELIS, R. 4 espécies da Amazônia que você provavelmente não conhece. *Universidade da Amazônia*, 2018. Disponível em: https://www.unama.br/noticias/4-especies-da-amazonia-que-voce-provavelmente-nao-conhece#:~:text=O%20termo%20que%20lhe%20deu,%2C%20pixundu%20ou%20peixe-elétrico.

$$F = \frac{k_0.Q.q}{d^2}$$

F → força eletrostática (N);

$\mathbf{k_0}$ → constante dielétrica do vácuo ($N.m^2/C^2$);

Q e q → cargas elétricas (C);

d → distância entre as cargas (m).

Um Coulomb de carga elétrica é equivalente à carga contida em $6{,}25.10^{18}$ elétrons (ou prótons).

Todas as baterias possuem duas extremidades, uma positiva e outra negativa, com uma diferença de tensão entre elas. É essa diferença de tensão que as caracteriza como 1,5 V, 3 V, 12 V etc. As baterias podem ser associadas de modo a aumentar sua tensão. Se ligarmos o polo positivo de uma pilha de 1,5 V com o negativo de outra com a mesma tensão, elas serão somadas de modo a obter-se 3,0 V (Figura 3.1). O que é feito, por exemplo, em uma lanterna; esse tipo de associação é chamado de ligação em série.

Figura 3.1 – Duas ou mais pilhas são associadas em série quando seu polo positivo é ligado ao negativo de outra pilha, de modo a somar sua tensão

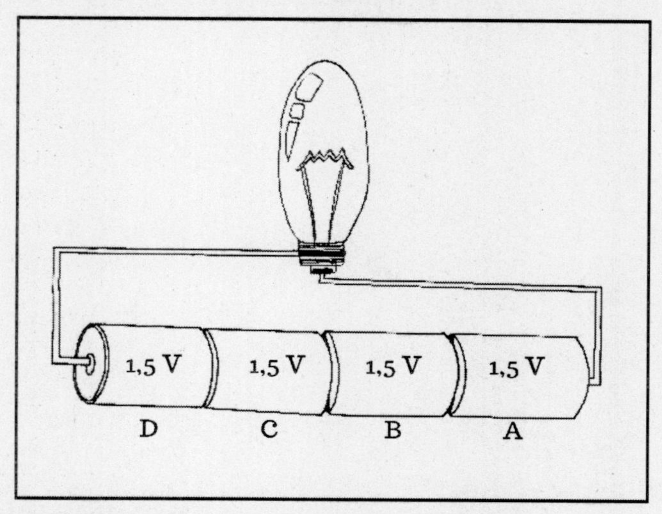

Fonte: ilustração de Letícia Machado

As baterias também podem ser ligadas em paralelo. Nesse caso a tensão total da associação será a mesma tensão individual das pilhas. Por exemplo, ao ligar duas pilhas, ou mais, de 1,5 V em paralelo, a tensão total não é somada, como na ligação em série, sendo, portanto, de 1,5 V. A consequência disso é que, nesse tipo de ligação, a intensidade da corrente elétrica é aumentada. Na ligação em paralelo, a disposição das pilhas também muda, são colocadas lado a lado, de modo a conectar com um material condutor todos os polos positivos entre si e os polos negativos também entre si, como na Figura 3.2, a seguir.

Figura 3.2 – Duas ou mais pilhas são associadas em paralelo ao ligar seu polo positivo com o polo positivo de outra pilha, sendo o mesmo feito com o polo negativo. Nesse caso mantém-se a tensão, porém a corrente elétrica que percorre o aparelho é aumentada.

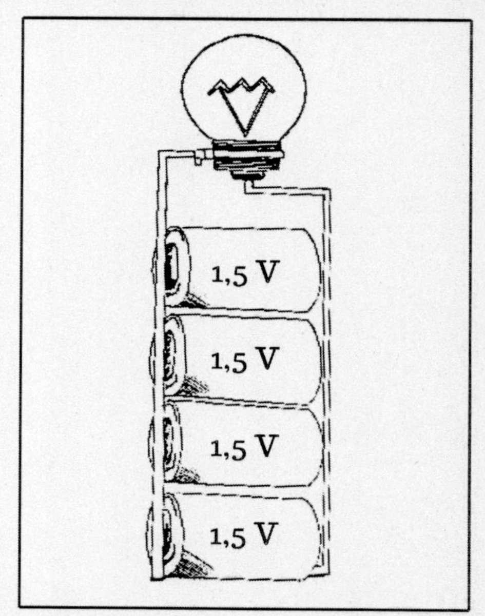

Fonte: ilustração de Letícia Machado

Na ligação em paralelo, mantém-se a tensão, mas aumenta-se a quantidade de cargas elétricas transportadas, ou seja, tem-se uma maior intensidade de corrente elétrica.

Cada um dos 6 mil órgãos especiais da enguia, que podem gerar 0,15 V cada, é disposto como uma ligação em série que, somados, gera uma tensão de mais de 900 V.

Não basta as enguias produzirem eletricidade, é necessário um meio condutor para que essa descarga elétrica se propague até atingir a vítima, e esse meio será justamente seu habitat aquático. Ao contrário do que se pensa, a água não conduz a eletricidade, inclusive a água pura, chamada de água destilada, é classificada como um isolante elétrico. O que faz a água conduzir eletricidade é a presença e a quantidade de partículas diluídas. Naturalmente é raro encontrá-la em seu estado puro, sempre há sais minerais e impurezas diluídos, o que auxilia a passagem da corrente elétrica. O corpo do poraquê comporta-se como uma bateria, com seu polo positivo localizado na parte da frente e o negativo na parte de trás do corpo. Essa disposição permite a circulação de uma corrente elétrica. Cada vez que os eletrócitos de seu corpo são estimulados por um comando que vem do cérebro, produzem uma pequena descarga elétrica que flui de sua parte frontal e é conduzida pela água de volta para a calda do animal. Quaisquer ser vivo que estiver nas proximidades dessa movimentação de cargas sentirá os efeitos dessa descarga elétrica (Figura 3.3).

Figura 3.3 – Peixe sendo eletrocutado por um poraquê

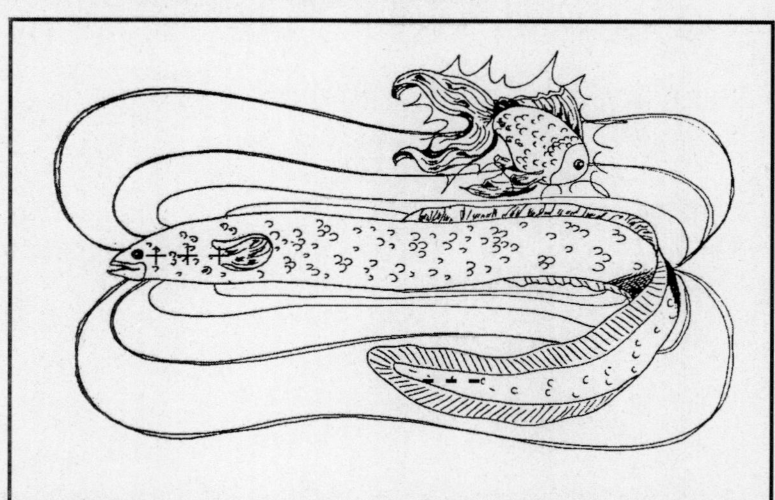

Fonte: ilustração de Letícia Machado

Como a água salgada possui mais sais minerais dissolvidos em comparação com a água doce, ela conduz melhor a eletricidade. Os peixes elétricos que vivem nesse ambiente não necessitam gerar uma tensão tão alta para que o choque seja um eficiente mecanismo de ataque e defesa. Nos animais de água salgada, os eletrócitos se adaptaram para ficar dispostos como numa ligação em paralelo, o que faz com que necessitem de uma pequena voltagem, algo entre 50 e 200 volts, para gerar intensas correntes elétricas, que podem chegar a 30 A.

Electro poderia ter, em seu corpo, uma quantidade significativa de eletrócitos que produziriam a energia necessária para suas descargas elétricas. O problema é que o ar, onde o personagem projeta tais descargas, é um ótimo isolante elétrico. Existe uma grandeza chamada *rigidez dielétrica* que representa um valor limite do campo elétrico aplicado sobre um determinado material; a partir desse valor, os átomos que o compõem se ionizam, fazendo com que o material deixe de se comportar como um isolante — e a rigidez dielétrica do ar é bem alta, assume um valor de 3.10^6 (três milhões) V/m. Isso significa que, sob uma tensão elétrica de 3 milhões de volts por metro, o ar se torna um condutor elétrico, o que possibilita que as descargas elétricas trafeguem por ele. Para que se atinja um adversário com uma descarga elétrica, os personagens com poderes elétricos necessitariam desenvolver um potencial elétrico de 3 milhões de volts para cada metro de distância que se encontram de seu alvo. Se o adversário estiver a cinco metros, por exemplo, seria preciso uma tensão de 15 milhões de volts para romper a rigidez elétrica de todo o volume do ar contido nessa distância. Como comparação, nos relâmpagos que partem das nuvens, a diferença de potencial entre a base das nuvens e o solo é da ordem de cem milhões de volts (1.10^8 V) ou mais. Essa alta rigidez elétrica do ar nos é muito útil; se não fosse pelo fato de ser um ótimo isolante, ter-se-iam descargas elétricas se projetando das tomadas elétricas em nossa residência ou dos fios de alta-tensão pelas ruas. Para que um personagem com poder elétrico gere a tensão necessária para aplicar uma descarga elétrica a cinco metros de distância, seriam precisos mais de cem milhões de eletrócitos associados em seus corpos.

Figura 3.4 – Pilhas, baterias e capacitores são utilizados para fornecer energia para o funcionamento de certos aparelhos

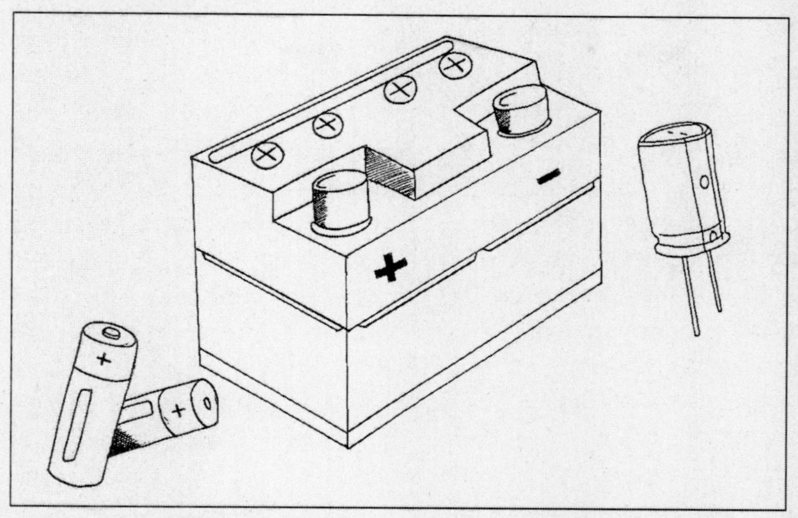

Fonte: ilustração de Letícia Machado

Assim como as pilhas e baterias, a função dos capacitores também é realizar o armazenamento de energia para que se possa usar quando se fizer necessário. Porém, existe diferença entre eles; enquanto as pilhas e baterias armazenam cargas elétricas por reação química, os capacitores armazenam cargas por campo elétrico. Os capacitores são formados por duas chapas de material condutor (metal) com uma chapa de material isolante (cerâmica ou plástico) entre eles.

As baterias carregam e descarregam lentamente, além disso fornecem uma tensão relativamente constante ao descarregar. Já nos capacitores a descarga ocorre bem rápido, assim como a diminuição de sua tensão, porém, de igual modo, seu carregamento ocorre em um intervalo de tempo bem curto. Será que o organismo de Electro, e de outros personagens com poderes elétricos como Super Choque e Tempestade, funcionaria como uma bateria ou como um capacitor? Como esses personagens conseguem gerar a própria energia, estariam mais próximo de uma bateria; mas, ao utilizarem seus poderes de forma constante por certo tempo, a energia diminui, e ambos os componentes eletrônicos são descarregados após certo tempo de uso. Em algumas situações, tanto os heróis quanto o vilão precisam de certo tempo para que seu organismo reponha a energia gasta, assim como as baterias recarregáveis. Porém, assim como os capacitores, os personagens carregam-se rapidamente, e podem "pegar carga" quase instantaneamente ao absorverem energia de fios e cabos de alta tensão. Nesse último caso, comportando-se como capacitores, que "ganham carga" em um curto intervalo de tempo.

Prosseguindo com a comparação, para funcionar perfeitamente, um capacitor necessita de um material isolante entre suas placas condutoras. A água contida no corpo humano conduz muito bem a eletricidade por conta dos sais e íons presente. Um capacitor imerso nessa solução, e com seu material isolante exposto a ela, estaria constantemente entrando em curto deixando de funcionar perfeitamente. Isso seria um problema para esses personagens caso seu organismo tivesse a estrutura física de um capacitor. Ao contrário das baterias, os capacitores podem armazenar e liberar energia rapidamente, o que permitiria aos personagens emitir descargas elétricas a todo o momento. Porém, seu tempo de descarga é muito curto, podendo ocorrer em frações de segundo. Isso é tempo suficiente para uma descarga elétrica, como nos raios entre as nuvens e o solo, mas esses personagens podem emitir raios de longa duração, o que não é permitido ao utilizar os capacitores. A emissão de tais raios por esses personagens só seria possível se seus organismos se comportassem como baterias, que fornecem energia de forma muito mais duradoura. Só que, ao contrário dos capacitores, as baterias não conseguem estabelecer correntes elétricas de grandes intensidades como as que caracterizam os raios. Enfim, Electro, Super Choque, Tempestade e qualquer personagem que consegue emitir raios de seu corpo não se apresentam exclusivamente como uma bateria ou como um capacitor, talvez um misto de ambos. Podem produzir campos elétricos, tensão e corrente de grandes intensidades, gerando relâmpagos de longa duração e a qualquer momento que queiram.

3.3 PODERIA UMA TENSÃO ELÉTRICA ANULAR OUTRA?

Figura 3.5 – Coleção Clássica Marvel Vol. 10

Fonte: Panini (2021)

Aqui, no Brasil, a origem de Electro foi relançada na *Coleção Clássica Marvel Vol. 10 - Homem-Aranha Vol. 2* (Panini, 2021) em *O homem chamado Electro!* A história contém muitos conceitos relacionados à eletricidade e é uma excelente oportunidade para que sejam vistos e para ser utilizado em sala de aula. O enredo da história é rico em situações em que conceitos de eletricidade são abordados de forma precisa, porém equivocadamente em outros momentos, dando-nos uma excelente oportunidade para examiná-los. Na referida história, o vilão conta como conseguiu seus poderes, após salvar um funcionário da companhia de energia acidentado no alto de um poste. Depois do resgate, ele ali permanece para fazer os reparos necessários na rede elétrica, quando é atingido por um raio. Ao recuperar os sentidos, se espanta por ter sobrevivido à tamanha descarga elétrica, momento em que declara (Figura 3.5):

> *"Eu deveria ter morrido na hora, mas por uma dessas coisas do destino, as voltagens do raio e do poste se anularam".*

Nessa situação é possível que Electro tenha usado conceitos físicos de forma inapropriada. Para que a tensão elétrica, ou voltagem, seja anulada por outra tensão, ela deve possuir uma natureza vetorial. Vetores são caracterizados por possuírem direção e sentido, além de módulo e unidade de medida. A força é uma grandeza vetorial e pode ser anulada, quando há pelo menos duas forças sendo aplicadas sobre um copo, com a mesma intensidade e em sentidos opostos. Outros exemplos de grandezas vetoriais são a velocidade, a aceleração e o deslocamento. A voltagem é uma grandeza escalar, e não teria como a tensão da rede elétrica e a tensão dos raios anularem-se mutuamente. Seria mais natural, no acidente de Electro, que elas se somassem. Os fios de alta tensão de distribuição de energia elétrica costumam ter uma tensão de 13.800 V, enquanto a tensão de um raio pode variar de 100 milhões e 1 bilhão de volts[94]. Considerando que Electro é um cara de sorte, e por uma dessas coisas do destino tenha sido atingindo por um raio de baixa tensão, ainda assim seriam 100 milhões de volts. Isso é suficiente para matar uma pessoa; dependendo da situação, poderia ser somado à tensão de rede elétrica, como se soma a tensão das pilhas e baterias ligadas em série, mas nunca anulado por ela.

3.4 TRANSFORMANDO-SE EM UM GERADOR ELÉTRICO

Figura 3.6 – Coleção Clássica Marvel Vol. 10

Fonte: Panini (2021)

[94] A FÍSICA das tempestades e dos raios, disponível em: https://www.sbfisica.org.br/v1/portalpion/index.php/artigos/30-a-fisica-das-tempestades-e-dos-raios#:~:text=A%20voltagem%20de%20um%20raio,chegar%20a%20300%20mil%20Ampères! Acesso em: 2 fev. 2024.

Max Dillian descobre que, após o acidente, seu corpo produz energia elétrica continuamente (Figura 3.6), comparando-o a um gerador. Os gerados são dispositivos eletrônicos cuja função é transformar qualquer tipo de energia em eletricidade, um tipo de energia associada às cargas elétricas. Como exemplo de geradores, temos as pilhas e baterias, que transformam a energia química em elétrica, o dínamo nas usinas produtoras de energia, como as hidrelétricas, que transformam a energia mecânica em elétrica, e as células fotovoltaicas, que podem transformar a energia luminosa, como a do Sol, em elétrica. Dentre os tipos de geradores, no tópico "Personagens elétricos, capacitores ou baterias", o corpo de Dillian foi equiparado a uma pilha ou bateria, transformando a energia química (que pode vir dos alimentos que ingere) em elétrica. Pilhas e baterias funcionam como um separador de cargas elétricas. Em seus polos, que podem ser positivos ou negativos, ocorrem reações químicas que tendem a acumular cargas de determinado sinal. O polo é positivo quando nele se acumulam substâncias com falta de elétrons, e negativo quando a substância acumulada tem elétrons em excesso. Desse modo, em uma extremidade da uma pilha, tem-se um doador de elétrons, e na outra extremidade, um receptor. Pelo princípio da atração e repulsão das cargas elétricas, como cargas de sinal opostos se atraem, surgirá uma diferença de potencial, também chamada de tensão elétrica, entre os dois polos. Compara-se a tensão elétrica a uma força que tende a empurrar as cargas negativas em direção às positivas, ou seja, uma força que tende a unir as cargas elétricas. Essa tensão pode ser de 1,5 Volts em pilhas, 12 Volts em baterias de automóveis. Se esses polos forem conectados por um material condutor de energia, as cargas elétricas serão conduzidas por ele, saindo do polo negativo em direção ao positivo, onde se acumularão. Enquanto houver essa passagem para os elétrons, ou seja, enquanto o circuito estiver ligado, as cargas se depositarão no polo positivo, e a diferença de potencial diminuirá, o que significa que a pilha ou bateria vai descarregar. Ao findar a diferença de potencial, a pilha estará descarregada, cessando a passagem da corrente elétrica pelo fio que une seus polos. No caso de Electro, assim como nos peixes elétricos, essa diferença de potencial pode ser causada pela disposição em seu organismo dos eletrócitos, as células responsáveis por produzir a energia elétrica.

3.5 CARREGANDO-SE ELETRICAMENTE

Figura 3.7 – Coleção Clássica Marvel Vol. 10

Fonte: Panini (2021)

Em seu primeiro confronto com Electro, o Homem-Aranha é facilmente derrotado quando recebe um choque elétrico ao encostar no vilão (Figura 3.7), deixando-o desmaiado ao chão. Para ser vítima de um choque elétrico, é preciso que uma corrente elétrica (movimentação de elétrons) passe através do corpo[95]. Isso pode ocorrer de duas maneiras, uma dela é quando a vítima entra diretamente em contato com essa corrente, o que é chamado de choque dinâmico. Esse tipo de choque ocorre ao encostar-se em fios desencapados ou enfiar objetos condutores em uma tomada. Outra forma é entrar em contato com um corpo que possui excesso de cargas elétricas, o chamado choque estático, que ocorre nos choques em contado com objetos metálicos, como a torneira do chuveiro, lataria do carro etc. Para que o Homem-Aranha tenha sido vítima desse tipo de choque, o corpo de Electro deveria estar energizado com excesso de cargas elétricas negativas, os elétrons. Ele agiria como uma bateria, ou capacitor, acumulando cargas elétricas. Entre seu corpo e o ambiente ao redor, haveria uma diferença de potencial, com essas cargas elétricas querendo deslocar-se para o ar ou para o solo. Como visto, o ar é um meio isolante, mas o solo tende a

[95] Sobre as reações do corpo ao choque elétrico, ver tópico "Corrente, choques elétricos e campos magnéticos", no capítulo dedicado ao Magneto em *A Física e os Super-Heróis Vol. 2*.

recebê-las. Por isso, para que se mantenha energizado com esse excesso de elétrons, Electro deveria estar isolado do solo, sendo fundamentais calçados isolantes, como botas de borracha. O corpo humano é um bom condutor para as cargas elétricas; ao encostar em Electro, o Homem-Aranha faria a ponte entre o corpo do vilão e o solo. O herói ofereceria um caminho de menor resistência para as cargas elétricas, ocorrendo seu escoamento por seu corpo em direção ao solo. O consequente choque sentido por ele é a reação de seu corpo à passagem dessa corrente elétrica.

O problema é que esses elétrons em excesso não podem surgir do nada no corpo de Electro, seu organismo não pode simplesmente produzi-los. Todos os átomos, ou corpos, em seu estado natural, estariam eletricamente neutros, o que significa que teriam a mesma quantidade de cargas negativas (elétrons) e positivas (prótons). Os objetos condutores energizados com eletricidade estática adquirem essas cargas elétricas por um processo chamado de eletrização, que pode ocorrer por atrito, contato ou indução. Na eletrização, os corpos podem ganhar ou perder elétrons, mas nunca cargas positivas, chamadas de prótons, pois estes sempre estarão fortemente ligados ao núcleo atômico.

A eletrização por atrito ocorre quando dois corpos feitos de substâncias diferentes são friccionados um contra o outro. Isso faz com que os elétrons abandonem um dos corpos em direção ao outro. Aquele que perde elétrons fica carregado positivamente, já o que ganha as cargas negativas fica carregado negativamente (Figura 3.8). Como não é visto Electro andando por aí se esfregando nos objetos a todo o momento, supõe-se que não é dessa forma que ele adquire sua suposta carga elétrica.

Figura 3.8 – Na eletrização por atrito, os corpos ficam eletrizados com cargas diferentes, pois ocorre a transferência de elétrons de um corpo para o outro

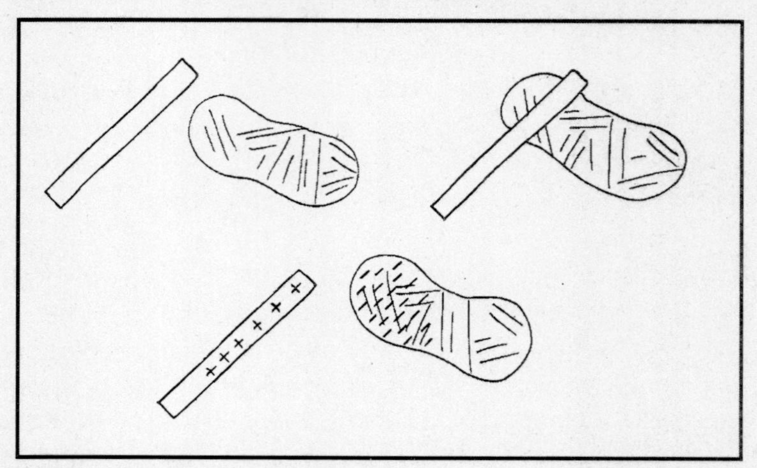

Fonte: ilustração de Letícia Machado

Na eletrização por indução, é necessário um corpo neutro isolado, como o personagem Electro usando calçados isolantes, e outro eletrizado. Suponha que um corpo esteja eletrizado positivamente, ou seja, com uma quantidade muito menor de elétrons do que de prótons. Na Figura 3.9, esse corpo eletrizado, chamado de indutor, é representado pela esfera "A". A eletricidade é regida pelo princípio da atração e repulsão, em que cargas elétricas de sinais opostos se atraem, e cargas iguais se repelem. Ao aproximar o corpo eletrizado positivamente do corpo neutro, sem encostá-los, os elétrons livres existentes no corpo neutro serão atraídos pelas cargas positivas do corpo eletrizado (Figura 3.9.a). Esse corpo neutro é chamado de "induzido", sendo representado na Figura 3.9 pela esfera "B". Com esse deslocamento de elétrons em direção ao corpo A, a extremidade oposta do corpo neutro B apresenta um excesso de cargas positivas.

Suponha que se ligue um fio condutor metálico nessa região positiva do corpo B, e a outra extremidade liga-se no solo, processo chamado de aterramento (Figura 3.9.b). Essa ligação fará com que as cargas positivas atraiam os elétrons livres presentes no solo, que subirão pelo fio em direção ao corpo. Como esse recebe elétrons, passará a ficar carregado negativamente e em definitivo após a ligação ser desfeita (Figura 3.9.c). Como pode ser visto, esse tipo de eletrização não é nada prático, então é provável que não é por esse processo que o vilão se eletriza.

Figura 3.9 – Processos da eletrização por indução

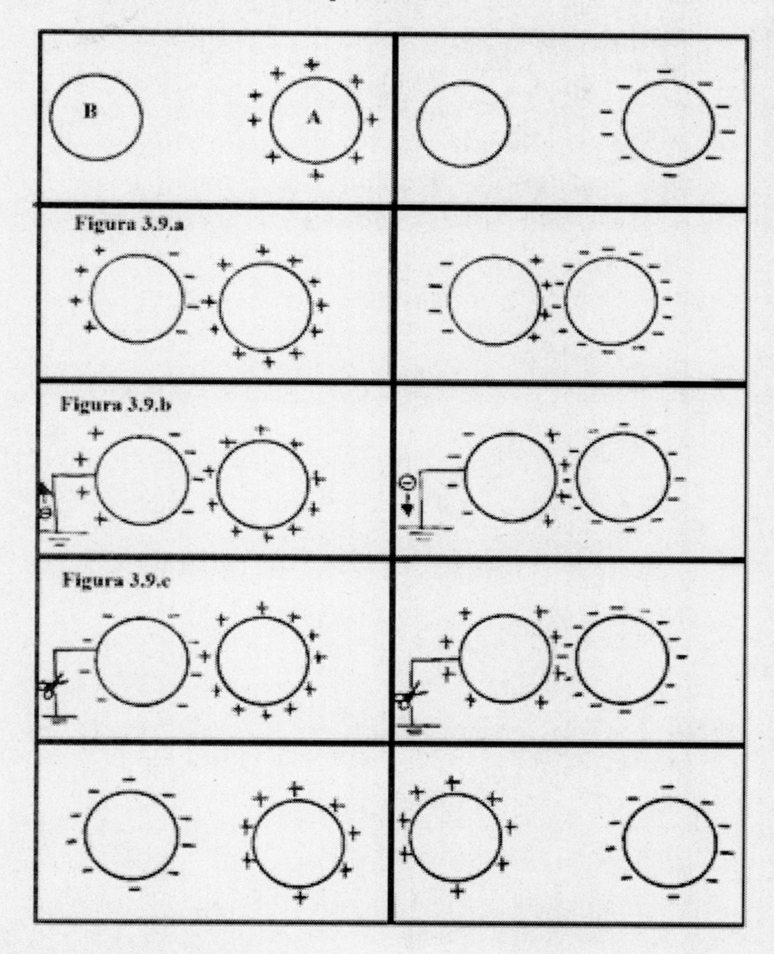

Fonte: ilustração de Letícia Machado

No terceiro tipo de eletrização entre dois corpos ou mais, é preciso que pelo menos um esteja eletrizado e que ambos entrem em contato. Daí seu nome "eletrização por contato". Se o corpo eletrizado estiver carregado negativamente (Figura 3.10), ao entrar em contato com um corpo neutro, parte dessas cargas elétricas se transferirão para o corpo neutro, que também ficará eletrizado negativamente. Nesse processo, os corpos envolvidos ficam carregados com cargas de mesmo sinal. A eletrização por contato seria uma forma mais prática para que Electro se carregasse com eletricidade estática. Ao estar isolando do ambiente, ele manteria essas cargas que poderiam ser transferidas, caso alguém encostasse nele. É bom enfatizar que, para sentir o choque, as cargas elétricas devem percorrer o corpo da vítima, entrando pela sua mão e saindo em direção ao solo por outro ponto, que podem ser os pés. Estando isolada, por exemplo com calçados de borracha, a pessoa só sentiria um choque se uma terceira pessoa, que não estivesse isolada, lhe encostasse. As cargas elétricas passariam pelo corpo de ambas em direção ao solo e as duas seriam vítimas de um choque elétrico.

Figura 3.10 – Representação do processo de eletrização ocorrida por contato[96]

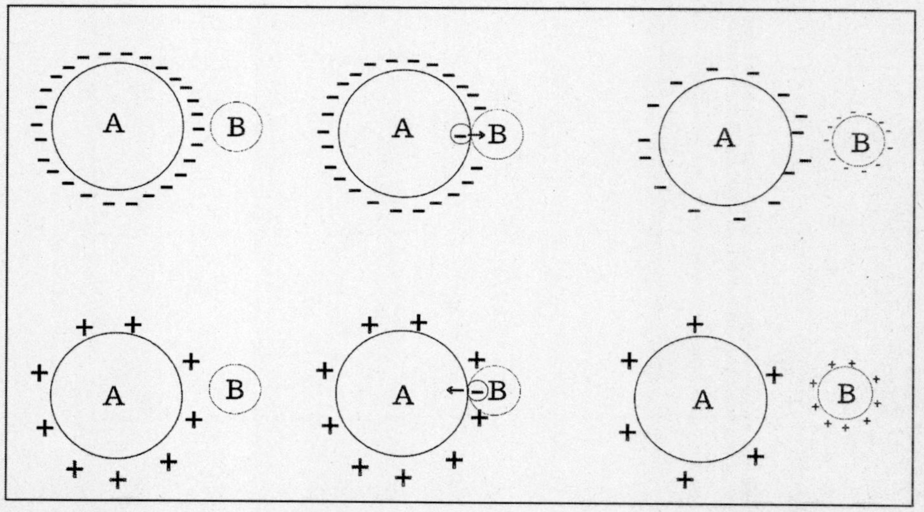

Fonte: ilustração de Letícia Machado

Assim como no choque dinâmico, para que ocorra o choque estático, a corrente deve percorrer o corpo, entrando em um determinado ponto (no caso em questão as mãos do Homem-Aranha) e saindo por outro ponto em direção ao solo (no caso em questão os pés não isolados do Homem-Aranha). Esse tipo de choque é o mais perigoso, pois a corrente persistirá passando pelo corpo da pessoa enquanto houver o contato. No choque estático, o corpo energizado pode ser rapidamente descarregado com um breve fluxo para o solo de suas cargas elétricas, por isso o choque será por um curto intervalo de tempo. Nos choques dinâmicos de baixa tensão, o tempo é

[96] Na eletrização por contato, é necessário que pelo menos um dos corpos envolvidos esteja eletrizado. Ao encostar outro corpo (podendo estar neutro ou eletrizado) no que está eletrizado, ocorrem trocas de elétrons, e ambos ficam eletrizados com carga elétrica de mesmo sinal.

determinante para as consequências ao corpo. Conforme a corrente vai passando pelo corpo, ocorre o aquecimento dos órgãos internos. Se durar tempo suficiente, pode levar ao óbito devido a queimaduras internas ou ao colapso dos órgãos. Electro apenas poderia utilizar-se do choque dinâmico como uma arma, caso conseguisse manter uma corrente elétrica percorrendo seu corpo, como em um circuito elétrico. Para isso, ele deveria manter-se isolado do ambiente para que a corrente não saísse de seu corpo. Deveria apresentar uma resistência física a ela e a seus efeitos, além de manter seus órgãos vitais protegidos.

3.6 EMITINDO DESCARGAS ELÉTRICAS

Figura 3.11 – Coleção Clássica Marvel Vol. 10

Fonte: Panini (2021)

Em um de seus primeiros crimes, Electro assalta um carro forte estacionado para descarregar valores. Ele atinge os guardas que fazem a segurança com descargas elétricas emitidas pelos seus dedos (Figura 3.11). Considerando que Electro contenha eletrócitos, no interior de seu corpo, necessários para produzir eletricidade, a tensão gerada deve ser alta o suficiente para romper a rigidez dielétrica do ar, transformando-o em um condutor de eletricidade. Considerando a rigidez dielétrica do ar de 3 milhões de volts/metro, e que o policial esteja a 3 metros de distância,

Electro deveria produzir uma tensão de 9 milhões de volts. Ao ser atingido por uma tensão dessa intensidade, o que o policial menos teria era tempo de notar que o vilão emite raios. Viajando à velocidade da luz, em frações de segundos, o policial seria atingido pela descarga elétrica, seu corpo poderia ser carbonizado com tamanha voltagem.

Os corpos condutores têm uma propriedade de concentrar cargas elétricas em suas extremidades pontiagudas, tal fenômeno é chamado de "poder das pontas". Por conta disso, o campo elétrico nessas regiões é mais intenso do que nas regiões não pontiagudas do condutor. Imaginando o corpo de Electro com excesso de cargas negativas, essas se encontrariam em uma concentração maior nas extremidades de seu corpo, como nariz e dedos. Convenhamos que emitir raios pelo nariz soaria meio estranho, por isso, das partes do corpo dos personagens com poderes elétricos, a melhor para uma provável emissão de raios são os dedos. Considerando isso, foi assertiva a escolha dessa parte do corpo de Electro para emissão das descargas elétricas.

3.7 A IMPORTÂNCIA DAS MEDIDAS DE PROTEÇÃO E ISOLAMENTO AO ENFRENTAR UM VILÃO COM PODERES ELÉTRICO

Figura 3.12 – Coleção Clássica Marvel Vol. 10

Fonte: Panini (2021)

Ao enfentar Electro pela segunda vez, para se prevenir dos choques, o Homem-Aranha passa a utilizar luvas e botas de borracha (Figura 3.12). Agindo assim, ele está isolando seu corpo, evitando um ponto de entrada para as cargas elétricas, que seria sua mão. Evita também o ponto de fuga de seu corpo para as cargas elétricas, que seriam seus pés, servindo de aterramento ao solo. Isso lhe dá tranquilidade para encostar no vilão e acertar aquele golpe de direita, sem se preocupar em servir de um meio condutor para as cargas elétricas em excesso no corpo de Electro. Os materiais classificados como condutores são aqueles que possibilitam a passagem das cargas elétrcicas por seu interior. Para compreender o que lhe dá essa carcterística, é necessario olhar para seus átomos. O núcleo de um átomo é formado por neutros e prótons, tendo, portanto, uma carga positiva[97]. Como já mensionado, na eletricidade, cargas eletricas de sinais opostos sempre se atraem. O elétrons, que possuem carga negativa, orbitam o núcleo do átomo por conta de uma força elétrica atrativa existente entre eles. Nos materiais condutores, haverá tantos eletrons, geralmente aqueles mais afastados do núcleo, que essa força de atração não será tão intensa. Por isso, basta receber uma pequena quantidade de energia para se desprenderem de seu núcleo indo em direção a um átomo vizinho, por isso são chamados de eletrons livres. Os materiais condutores têm uma grande quantidade de eletrons livres, que podem entrar em movimento ao ser aplicada sobre eles uma diferança de potencial.

Nos materiais isolantes, os elétrons estão fortemente ligados ao núcleo, logo não se desprendem facilmente. Isso faz com que as cargas eletricas encontrem uma dificuldade muito grande para se moverem de uma átomo para outro. Dentre alguns dos materiais isolantes, têm-se a cerâmica, o plástico, vidro e a borracha. A rigidez dielétrica da borracha pode chegar a 30.10^6 (30 milhões) V/m, dez vezes maior do que a rigidez dielétrica do ar. Isso significa que é necessaria uma tensão de 30 milhões de volts aplicada por cada metro de borracha para que passe a conduzir a eletricidade. Essa tensão ofereceria aos elétrons uma quantidade de energia suficiente para vencer a força atrativa existente entre eles e o núcleo atômico, arrancando-os de suas posições e fazendo com que se comportem como elétrons livres.

Levando em conta a rigidez dielétrica da borracha, conclui-se que uma lâmina com um milímetro desse material passará a conduzir eletricidade sob uma tensão de 30 mil volts. Considere que Electron consiga produzir

[97] Para saber mais sobre as características do núcleo dos átomos, ver o tópico "Técnica usada para o encolhimento e sua real possibilidade", no capítulo destinado do Homem-Formiga em *A Física e os Super-Heróis Vol. 2.*

uma tensão de 9 milhões de volts, como a utilizada para atingir o guarda no assalto ao carro forte[98]. Tendo em conta a rigidez dielétrica da borracha, as luvas e o sapato do Homem-Aranha deveriam ter, ao menos, 30 centímetros de expessura para isolar seu corpo e evitar o choque. Isso também evitaria um choque ao ser atingido por um raio emitido pelo vilão a três metros de distância. Para esse caso, um dos superpoderes do Homem-Aranha deveria ser a habilidade do "super-equilibrio". O herói deveria ser um ótimo equilibrista para conseguir se sustentar de pé sobre um solado de 30 centímetros sob seus pés. Como um gênio das ciências capaz de reproduir artificialmente as teias das aranhas[99], Peter Parker poderia ter criado alguma substância altamente isolante, ainda melhor do que a borracha, para usá-la em seu uniforme com o objetivo de preteger-se das descaragas elétricas disparadas por Electron.

3.8 DESVIANDO A TRAJETÓRIA DOS RAIOS

Figura 3.13 Coleção Clássica Marvel Vol. 10

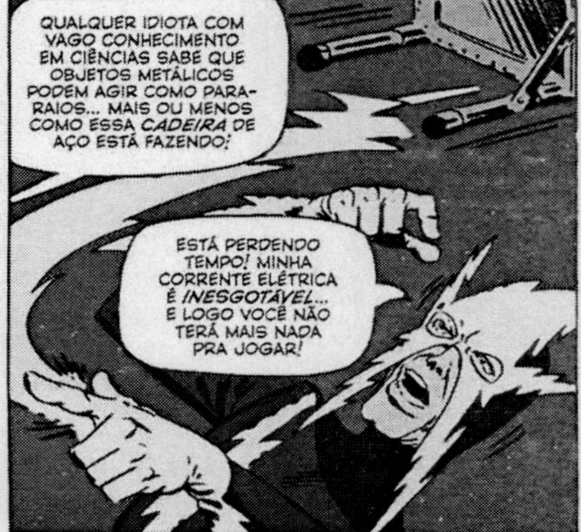

Fonte: Panini (2021)

Após isolar seu corpo, com luvas e sapatos com solados isolantes, o Homem-Aranha apresenta-se mais preparado para um segundo confronto com Electro. Para interceptar os raios que o vilão lança em direção a ele o herói joga objetos metálicos, como esferas e uma cadeira, que desviam a trajetória dos raios, confirmando que agem como um para-raios (Figura

[98] Veja o tópico "Emitindo descargas elétricas".

[99] Sobre a possibilidade da utilização das teias como um artefato, ver tópico "Poderia uma "frágil" teia de aranha ser uma arma poderosa?", no capítulo destinado ao Homem-Aranha em *A Física e os Super-Heróis Vol.1.*

3.13). Será que é assim que os para-raios funcionam? Será que eles podem desviar a trajetória dos raios, fazendo com que essas descargas elétricas os sigam para longe de seu alvo original? Como já visto, as descargas elétricas percorrem o ar procurando um caminho que lhes ofereça menor resistência, é por isso que vemos os relâmpagos ziguezagueando, procurando os átomos ionizados que formam um caminho mais condutor[100]. Ao atirar uma cadeira, para que os raios lançados por Electro a persigam, ela deveria criar pelo ar um caminho que fosse melhor condutor, deixando o ar extremamente úmido atrás de si ou ionizando os gases ali presentes. Vamos com calma Parker, não é todo metal que atua como um para-raios. Para isso devem estar aterrados[101], propiciando um caminho condutor até o solo para as cargas elétricas.

3.9 TRANSFORMANDO AREIA EM VIDRO

Figura 3.14 – Coleção Clássica Marvel Vol. 10

Fonte: Panini (2021)

Mais adiante no confronto entre o Homem-Aranha e Electro, em *O homem chamado Electro!,* o amigão da vizinhança chuta um balde com areia em direção ao vilão, com a intenção de ganhar tempo para o próximo golpe. Para sua defesa, Electro emite descargas elétricas transformando a areia em vidro, com rajadas de raios (Figura 3.14). Aproveitando-se da distração, o

[100] Veja tópico "Convocando raios", no capítulo destinado ao Thor.

[101] *Idem.*

herói atinge com suas teias uma arma que o vilão carrega, danificando-a. Pode-se questionar se uma descarga elétrica, como a emitida por Electro, transformaria areia em vidro. A resposta é sim, mas não exatamente nos tipos de vidros com os quais estamos acostumados em nosso dia a dia. Para ser transformada em vidro, a areia deve conter alta concentração de sílica ou quartzo, que contém, em sua estrutura, o dióxido de silício (composto formado por oxigênio e silício). Quando exposta a altas temperatura, a partir dos 1800 °C, a sílica vira um líquido que, com um rápido resfriamento, não retorna para sua organização molecular original, transformando a areia em vidro de sílica, que não é nada parecido com o que estamos acostumados. É um vidro oco, ramificado, com a aparência das raízes de uma arvore, reproduzindo a trajetória do raio pela areia (Figura 3.15), bem diferente do vidro que Electro conseguiu transformar, como pode ser visto na Figura 3.14.

Figura 3.15 – Raio atingindo uma superfície arenosa transformando a areia em vidro[102]

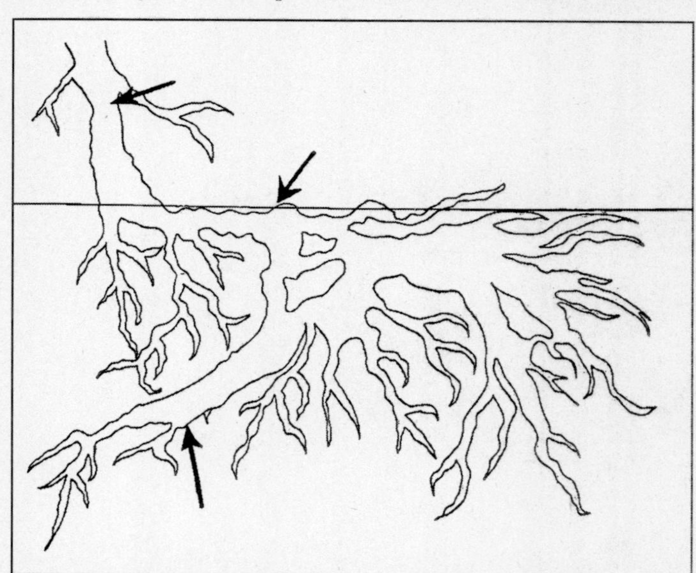

Fonte: ilustração de Letícia Machado

[102] Ao atingir uma superfície arenosa com alta concentração de sílica ou quartzo, o raio transforma a areia em vidro, cujo formato é a trajetória ramificada da descarga elétrica por dentro da superfície.

3.10 O QUE É PRECISO PARA DERROTAR UM PERSONAGEM COM PODERES ELÉTRICOS

Figura 3.16 – Coleção Clássica Marvel Vol. 10

Fonte: Panini (2021)

Qual seria a melhor maneira para derrotar um personagem eletrizado? Bem, depende do tipo de eletricidade que ele possui. Supondo que a eletricidade seja estática, ele teria excesso de cargas elétricas, e, para derrotá-lo, bastaria retirar o excesso de energia estática. Isso pode ser feito aterrando seu copo ao solo com um material condutor, como um fio, ou simplesmente retirando seus sapatos. Feito isso, se ele estiver negativamente eletrizado, os elétrons em excesso fluirão por esse caminho em direção ao solo. Caso esteja com excesso de cargas positivas, os elétrons passarão do solo para o corpo, anulando as cargas positivas, deixando o corpo eletricamente neutro. Assim, é possível derrotar um personagem elétrico sem a necessidade de superpoderes ou de poderosos golpes.

Considerando que Dillion produza a energia em seu corpo, como uma bateria, por meio de algo parecido com um eletrócito, ele poderia ser derrotado com um curto-circuito. Pode-se provocar um curto-circuito em um gerador ligando diretamente seu polo positivo com o negativo com um material condutor de baixa resistência, ou de resistência nula. Ao fazer isso, a diferença de potencial entre os polos positivos e negativo será nula, assim se obtém uma corrente de grande intensidade passando pelo gerador, o que vai descarregá-lo, além de provocar seu superaquecimento.

Imagine Dillion como um grande gerador, com os polos positivos e negativos localizados nos extremos opostos de seu corpo, com uma corrente elétrica lhe percorrendo. Ao ligarmos esses extremos com um material condutor se estaria descarregando essa enorme bateria que caracterizaria seu corpo. Nesse curto-circuito, a energia química se transformaria em térmica, a qual, além de esgotar sua energia, provocaria um superaquecimento, considerando a grande quantidade de energia acumulada. Esse curto-circuito poderia ser provocado pela água; assim, para derrotar Electro, bastaria um belo banho de água salgada. Em alguns confrontos entre o vilão e o Homem--Aranha, ele é derrotado ao juntar-lhe as mãos. Nesse caso considera-se que uma das mãos seja o polo positivo e a outra o negativo da bateria. Ao juntá-las, provoca-se um curto-circuito, ocasionando um superaquecimento e o descarregamento de sua energia. Por falar em banho, está aí algo que personagens com poderes elétricos devem ficar longe, seja um mergulho na praia, cachoeira, até mesmo um banho de chuveiro, a não ser que utilizasse água pura, sem qualquer quantidade de sais dissolvidos e que seus corpos não produzissem essas substâncias, o que tornaria a água condutora.

Ainda há outra forma de derrotar Electro ou qualquer personagem com poderes elétrico. Nas enguias elétricas, seus órgãos internos estão protegidos das descargas que projetam no ambiente. A eletricidade produzida por meio dos eletrócitos cria um campo elétrico ao redor do animal que protege seu corpo das descargas elétricas. Além disso, os órgãos internos, como coração e fígado, estão localizados muito próximos à cabeça, distante dos eletrócitos que se localizam mais próximos da cauda do animal. Considerando que a corrente elétrica percorra o corpo de Electro mais próximo de sua superfície, seus órgãos vitais estariam protegidos no interior de seu corpo. O vilão, então, poderia ser derrotado ao ter seu corpo perfurado com algum material condutor, como um metal. Isso levaria as intensas corrente elétricas que produz para o interior de seu corpo, fazendo com que seus órgãos internos fossem percorridos por ela. Além de um tremendo choque, ele sofreria graves queimaduras internas que poderiam levá-lo à morte.

3.11 SOBRE MAGNETIZAR PREGOS E RETER CARGA

Nas histórias em quadrinhos, o Homem-Aranha é derrotado, em seu primeiro confronto com Electro, ao encostar nas mãos no vilão, padecendo com um choque elétrico. Em *O espetacular Homem-Aranha 2: a ameaça de Electro*

(EUA, 2014), um dos problemas enfrentados pelo amigão da vizinhança é que suas teias, de algum modo, conduzem a eletricidade. Ao acertá-las em Electro, uma corrente elétrica se desloca por elas até atingir os atiradores de teia localizados em seus pulsos. Ao receber essa descarga elétrica, os atiradores são queimados, deixando o herói sem seu principal recurso de ataque e defesa. Utilizando-se de sua genialidade, Peter Parker tenta de tudo, modifica a composição das teias, os lançadores, mas sem sucesso. Até que a "solução" surge em um diálogo seu com Gwen Stacy, em que ela sugere que os atiradores sejam magnetizados:

Peter: *Como vou impedi-lo? Sempre que chego perto ele queima meus atiradores.*

Gwen: *E você já tentou aterrá-los?*

Peter: *Já, eu tentei de tudo. Coloquei borracha neles, plásticos...*

Gwen: *Você tentou magnetizá-los?*

Peter: *Eu... não tentei magnetizá-los.*

Gwen: *Está bem, lembra-se da aula de ciências da 8ª série? Se Você magnetizar um prego... com uma bateria...*

Peter: *Ele retém uma carga elétrica!*

Gwen: *É isso!*

Com a ideia em mente, o casal se dirige até uma viatura policial a fim de usar a bateria para magnetizar os atiradores de teia:

Stacy: *O seu traje irá aterrar você.*

Peter: *Tudo bem. Tente rápido.*

Stacy conecta o cabo de transmissão de carga na bateria e liga cada uma das polaridades, a positiva e a negativa, em cada um dos atiradores, um no pulso esquerdo e outro no direito. Para testar a ideia, prendem o molho de chaves de um cordial policial próximo aos pulsos do herói, como se estivesse unida em um ímã, festejando seu sucesso.

Dizem por aí que "ideia boa é aquela que funciona". Até pode ser verdade a afirmação, mas sempre respeitando as leis da física. É possível magnetizar objetos feitos com determinados tipos de materiais, denominados "ferromagnéticos", por intermédio da passagem de uma corrente elétrica, mas, se magnetizarmos algo, como um prego, não o transformamos em uma bateria. A possibilidade de um objeto ser transformado em imã mediante um fluxo de cargas elétricas existe por conta de uma intrínseca relação entre eletricidade e magnetismo. Considerada uma das maiores descobertas da física ocorrida no século XIX, foi abordada em *A Física e os Super-Heróis Vol. 2*, no capítulo destinado à análise do personagem Magneto:

> O magnetismo está associado a um conjunto de fenômenos relacionados à atração ou repulsão que podem ocorrer durante a interação entre determinados corpos, como entre os ímãs ou entre ímãs e certos tipos de metais.
>
> Uma corrente elétrica poderá gerar um campo magnético entorno do corpo onde está sendo estabelecida. [...] o dinamarquês Hans Christian Oersted (1777-1851) [...] demonstrou que ao se aproximar uma bússola de um fio que esteja sendo percorrido por uma corrente elétrica, sua agulha sofrerá uma deflexão, passando a se posicionar perpendicularmente à direção da corrente elétrica.[103]

Não importa o sentido percorrido pela corrente elétrica, ela sempre dará origem a um campo magnético. Percorrendo um fio condutor reto, esse campo será disposto ao seu redor. Percorrendo um fio em forma de espiral, como uma mola, denominado *solenoide*, o campo se dispõe em volta desse corpo e passa pelo seu centro.

> Um solenoide é formado por um fio enrolado de maneira uniforme em várias espiras circulares, concêntricas ao redor de um núcleo feito de um material ferromagnético e no formato de um cilindro [...]. É alongado, muito parecido com uma mola [...]
>
> Quando um solenoide é percorrido por uma corrente elétrica, um campo magnético é gerado em seu interior. [...] Analogamente como um ímã, um solenoide também possuirá os polos norte e sul. A polaridade do campo magnético produzido nos solenoides pode ser descoberta por meio da *regra da mão direita*. Para usá-la, fecham-se os dedos da mão direita no sentido em que a corrente percorre o solenoide, de modo que o polegar indique o sentido do norte magnético. Oposto a esse será a localização do polo sul. Observe a figura 3.17 a seguir, pois, por meio dela, é mais fácil compreender o funcionamento da regra da mão direita.[104]

[103] COELHO, R. *A Física e os Super-Heróis Vol. 2*. Curitiba: Appris, 2023. p. 1-8.

[104] COELHO, R. *A Física e os Super-Heróis Vol. 2*. Curitiba: Appris, 2023. p. 111.

Figura 3.17 – Representação da regra da mão direita aplicada em um selenoide[105]

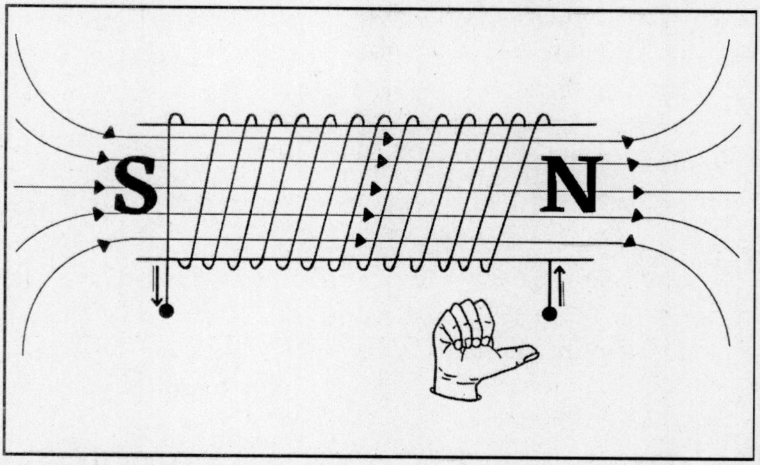

Fonte: ilustração de Letícia Machado

Uma utilidade muito comum dos solenoides são os eletroímãs, utilizados em sistemas de segurança como trava de alarme e sensores de porta, motores, disco-rígido e disjuntores. É possível magnetizar um prego enrolando em volta de si um fio condutor, como de cobre. Ao ligar as extremidades desse fio a um gerador, como uma bateria, o solenoide será percorrido por uma corrente elétrica que magnetizará o prego. Porém, o prego só se comportará como um ímã enquanto a corrente elétrica estiver percorrendo o solenoide. Ao desfazer a conexão com o gerador, suas propriedades magnéticas serão perdidas. Além disso, os eletroímãs, assim como qualquer tipo de imã, nunca armazenam carga elétrica, isso é possível apenas nos dispositivos específicos para isso, como os capacitores e as baterias.

A realidade é que Peter não precisaria se preocupar com seus lançadores ao atingir Electro com suas teias. Uma das características das teias das aranhas é a de não conduzir eletricidade. Em *A Física e os Super-Heróis Vol. 1*, no tópico "Poderia uma 'frágil' teia de aranha ser uma arma poderosa?", no capítulo destinado ao Homem-Aranha, especula-se que, ao fazer suas teias, Peter consegue reproduzir o mesmo material, ou um muito parecido, ao que as aranhas utilizam para tecer suas teias. Porém, a seda das aranhas é um material que se comporta como um eficaz isolante elétrico. Elas ape-

[105] Uma corrente elétrica percorre o fio da direita para a esquerda, criando um campo magnético com os polos localizados nos extremos do solenoide. Pela regra da mão direita, o polo norte estará localizado para onde o polegar apontar, para a direita da figura.

nas conduzem eletricidade em dias úmidos e se reterem essa umidade do ar; caso contrário, são más condutoras. Como estratégia de caça, algumas espécies de aranha podem tecer suas teias com gotas de seda infladas com gotículas de água[106] em seu interior, tornando-as condutoras elétricas, o que as ajuda a capturar suas presas. Portanto, para utilizar as teias do herói contra ele mesmo, Electro deveria umedecê-las ou revesti-las com qualquer metal condutor, como partículas de carbono.[107]

Investir na rigidez dielétrica de suas teias seria a melhor alternativa do Homem-Aranha contra Electro, o que dificultaria o transporte da corrente elétrica por meio delas até seus lançadores. Transformar os lançadores em imã para adquirirem um campo magnético, ou transformá-los em uma bateria para que retenha carga elétrica, não surtiria efeito. Talvez uma gaiola de Faraday[108] fosse a melhor alternativa, mas isso é assunto para o próximo capítulo.

---

[106] https://www.science.org/content/article/video-spiders-spin-electric-web#:~:text=Search,-Loading...&text=Spiders%20are%20amazing%20architects%20of,silk%20that%20efficiently%20conducts%20-electricity.

[107] https://www.nature.com/articles/ncomms3435#affil-auth

[108] Veja o tópico "Blindagem eletrostática", no capítulo destinado ao Super Choque.

CAPÍTULO 4

SUPER CHOQUE

Super Choque, chamado de Static no original em inglês, foi criado pelo escritor estadunidense Dwayne Glenn McDuffie (1962-2011) e pelo ilustrador cubano-estadunidense John Paul Leon (1972-2021). Foi lançado, em 1993, em sua própria revista intitulada *Static* # 1, pela Milestone Comics, um selo licenciado pela DC Comics. A Milestone foi fundada por uma coligação de desenhistas e roteiristas afro-estadunidenses ativistas da causa negra. Também protagonizou a animação *Static Shock*, que fez um relativo sucesso no Brasil ao ser exibido pelas manhãs na emissora de TV aberta SBT.

O herói é Virgil Hawkins, um jovem negro que ainda criança perde sua mãe, uma paramédica que é atingida por uma bala perdida ao prestar socorro durante uma briga entre gangues que saqueiam a cidade de Dakota, onde vivem. O personagem é um estudante do Colégio Dakota Union, onde sofre bullying constantemente e nutre uma paixão platônica por Frieda Goren, sua melhor amiga. Um dia, a jovem é incomodada por Francis Stone, o valentão da escola; ao tentar defendê-la, Virgil é espancado e passa a ser constantemente perseguido por Francis e sua gangue. Virgil recebe ajuda de Derek Barnett, um atlético estudante e líder de uma gangue rival à Francis. Certo dia, após acudi-lo contra Francis, Derek avisa a Virgil que naquela noite haverá um confronto entre as duas gangues em uma região próxima ao porto da cidade. Ele fornece uma arma para Virgil e diz para ele estar lá presente e se vingar de Francis. Chegando ao local, munido de boas afeições, Virgil se arrepende, desiste de atirar em seu desafeto e se desfaz da arma. O confronto entre as gangues atrai a polícia. Sobrevoando a área em helicópteros, os policiais atiram bombas, contendo um gás experimental, em direção aos jovens. Tal substância, chamada de gás mutagênico, segundo a polícia, serviria para rastrear fugitivos, mas na verdade é uma arma letal, que pode levar a óbito qualquer um que a inale. Muitos membros das gangues morrem, mas outros que inalaram em menor quantidade conseguem passar pela terrível experiência com vida. Os sobreviventes têm seus DNAs modificados pelo gás e passam a apresentar alteração em seus corpos, que lhes concede certas habilidades. Entre esses sobreviventes, estão Francis, que se tornaria o vilão Raio de Fogo, Derek, que se transforma em D-Struct, e Virgil, que ganha superpoderes elétricos. Tal episódio fica conhecido como Big Bang, e os sobreviventes passam a ser chamados de transformados.

Com o tempo, Virgil aprende a controlar seus poderes para usá-los para o bem e ajudar sua comunidade, adotando o nome de Static. Como a editora Milestone foi criada por ativistas, queriam retratar a violência policial a que as minorias estão subjugadas nos Estados Unidos. Na série de animação, a noite do Big Bang é levemente suavizada. Durante o confronto, a polícia não atinge propositalmente os jovens com o gás experimental, mas acerta acidentalmente com tiros alguns barris estocados no local onde está armazenada a substância. Apesar de ser mais popular no Brasil do que nos Estados Unidos, Super Choque, tanto na animação quanto nos quadrinhos, tem uma legião de admiradores por suas histórias tratarem de temas sensíveis e até pouco comuns para época. Os jovens veem muitos de seus dramas pessoais serem retratados nas histórias, como problemas de aceitação na escola e bullying, discriminação contra a homoafetividade, preconceito racial, a luta das minorias, e até mesmo a anorexia.

As habilidades do Super Choque vão além da emissão de raios, o herói pode controlar o eletromagnetismo, captar a frequência das ondas de rádio, levitar objetos de metal e arremessá-los, absorver energia elétrica, além de ser uma fonte dessa energia. Falarei agora um pouco mais sobre a eletricidade analisando algumas das habilidades do personagem e algumas cenas de sua animação e histórias em quadrinhos.

4.1 ELETRICIDADE E MAGNETISMO ANDANDO JUNTOS

Os personagens com poderes elétricos têm habilidades que estão além da manipulação dos fenômenos elétricos, possuindo, também, poderes sobre o magnetismo[109]. Uma corrente elétrica[110] é caracterizada pela movimentação ordenada de cargas elétricas, como os elétrons e os íons. Uma das maiores descobertas da Física, no século XIX, foi a intrínseca relação existente entre eletricidade e magnetismo. A corrente elétrica gera um campo magnético ao entorno do condutor onde foi estabelecida, assim como, ao expor um condutor à variação de um campo magnético, faz surgir uma corrente elétrica trans-

[109] A relação entre a eletricidade e o magnetismo foi abordada com maior profundidade no capítulo destinado em Magneto em *A Física e os Super-Heróis Vol. 2*. Sugiro e leitura para um maior aprofundamento.

[110] Sobre a corrente elétrica, ver o tópico "Explicando o Magnetismo", no capítulo destinado ao Magneto em *A Física e os Super-Heróis Vol. 2*.

correndo esse condutor. As cargas elétricas realizam interações entre si que se manifestam como forças atrativas ou repulsivas. A influência dessas cargas nos arredores é transmitida por um campo criado ao seu entorno, chamado de campo elétrico (Figura 4.1). Os personagens com poderes elétricos manipulam diretamente os campos elétricos para, entre outras coisas, fazer surgir uma corrente elétrica em materiais condutores. Como essa movimentação ordenada de cargas cria um campo magnético, estenderiam seus poderes sobre o magnetismo. Não vemos Magneto, que tem poderes ligados à manipulação dos campos magnéticos, estendê-lo à manipulação da eletricidade, convocando raios ou impondo choques sobre os corpos de seus adversários, mas comumente vemos Super Choque explorando seus poderes magnéticos. Tendo um conhecimento pleno entre eletricidade e magnetismo, e sabendo explorá-lo, o herói seria um dos personagens mais poderosos dos quadrinhos.

Figura 4.1 – As linhas de campo elétrico começam em cargas positivas e terminam em cargas negativas[111]

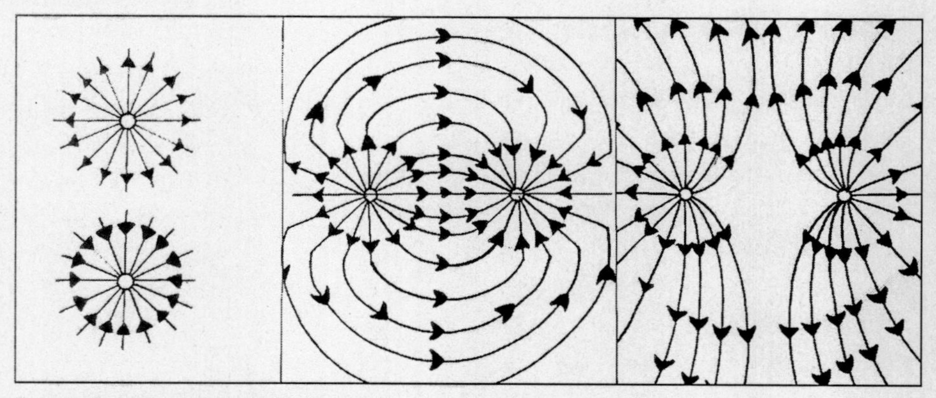

Fonte: ilustração de Letícia Machado

4.2 A ELETRICIDADE ESTÁTICA, LEVES CHOQUES AO ENCOSTAR EM OBJETOS METÁLICOS

Os corpos em seus estados naturais são eletricamente neutros, pois apresentam a mesma quantidade de cargas positivas (prótons) e cargas negativas em sua estrutura. Porém, existem corpos que podem ganhar ou

[111] Entre cargas de sinais diferentes, o campo resultante aponta sempre em direção à outra carga, dando origem à força de atração elétrica. Entre cargas de sinais iguais, o campo resultante aponta na direção oposta à posição das cargas, dando origem à força de repulsão entre elas.

perder cargas elétricas negativas, que são os elétrons, ou íons. Com isso, há um desequilíbrio de cargas elétricas positivas e negativas, que provoca certos fenômenos, chamados popularmente de eletricidade estática. O termo estática indica que essas cargas estão paradas, não fluem no interior de um material condutor, como é necessário para que se estabeleça a corrente elétrica (eletricidade dinâmica). São exemplos de fenômenos relacionados à eletricidade estática sentir um leve choque ao encostar em uma maçaneta de metal ou na lataria de um carro, ficar com os cabelos dos braços em pé ao se aproximar dos antigos monitores de TV ou PC, ouvir estalos e ver faíscas ao retirar uma blusa de lã.

Os corpos podem adquirir cargas elétricas mediante processos de eletrização[112], o mais comum é a eletrização por atrito[113]. As cargas elétricas vão se acumulando no corpo e ficam estagnadas (estáticas). Ao aproximar--se de objetos condutores, ou encostar neles, que podem estar neutros ou eletrizados com carga oposta, o corpo eletrizado descarregará essas cargas elétricas em excesso. Essa movimentação de elétrons caracteriza a corrente elétrica (eletrodinâmica). Se o corpo carregado for o humano, sentiremos um leve choque. Isso é muito comum em dias secos, ou em lugares com clima seco por conta da característica isolante do ar. Ao contrário, quando a umidade relativa do ar estiver alta, os fenômenos característicos da eletrostática tornam-se menos habitual, pois a umidade deixa o ar mais condutivo, absorvendo as cargas elétricas em excesso nos corpos, descarregando-os de forma natural.

No primeiro episódio da série animada Super Choque (Static Shock), intitulado "Choque no Sistema" ("Shock to the System"), quando ainda não havia adquirido suas habilidades, Virgil acorda pela manhã e, após dar alguns passos, leva um pequeno choque ao encostar na maçaneta da sua porta, o que o faz dizer:

> *"Droga de eletricidade estática, deveriam colocar um piso de madeira nessa casa".*

Dessa cena, analisa-se o que leva Virgil a chocar-se e como um piso de madeira pode interferir neste fenômeno. Corpos feitos de materiais

---

[112] Os processos de eletrização foram abordados no tópico "Carregando-se eletricamente", do capítulo destinado ao Electro.

[113] A eletrização por atrito ocorre quando dois corpos feitos de substâncias diferentes são friccionados um contra o outro. Isso faz com que os elétrons abandonem um dos corpos em direção ao outro. Foi abordada no tópico "Carregando-se eletricamente".

diferentes costumam trocar elétrons ao ser atritados, fenômeno denominado, como já visto, eletrização por atrito. Quando se anda sobre um tapete de lã, ou sobre um carpete, o atrito[114] com o calçado faz com que cargas elétricas (elétrons) sejam arrancadas do tapete, deixando o calçado carregado eletricamente. A repulsão mútua entre esses elétrons faz com que se espalhem para o resto do corpo da pessoa calçada, deixando-o, como um todo, com excesso de elétrons. A cada passo que se dá, mais cargas vão se acumulando no corpo. Chega um momento em que a quantidade de carga acumulada é suficiente para o corpo adquirir um potencial elétrico de milhares de volts. Em um material condutor, as cargas elétricas tendem a concentrar-se nas extremidades pontiagudas, o que é chamado de "poder das pontas". Isso faz com que o campo elétrico se intensifique nesse local e os dedos da pessoa eletrizada será essa superfície pontiaguda. Ao aproximar as mãos da maçaneta, o campo elétrico entre ela e os dedos será intenso suficiente para vencer a rigidez dielétrica[115] do ar, fazendo com que esse deixe de ser isolante, passando a oferecer um caminho condutor para que as cargas transitem do dedo em direção à maçaneta. Esse fluxo de elétrons pode provocar uma pequena faísca, e a pessoa ainda sentir um leve choque. Por conta do poder das pontas, o choque é intensificado quando a descarga elétrica ocorre por uma pequena área do corpo. Se a área de contato com o material condutor for maior, como toda a palma das mãos, a descarga elétrica pode passar despercebida.

Quando a eletrização ocorre por atrito entre materiais feito de diferentes substâncias, é possível ranqueá-la de acordo com a capacidade que cada uma possui de perder ou ganhar elétrons. Tal ranqueamento é chamado de série tribo elétrica (Quadro 4.1). Os materiais nas posições superiores são aqueles que possuem maior facilidade em perder elétrons, e os posicionados mais inferiormente são os que possuem maior facilidade em receber elétrons.

[114] As forças de atrito foram abordadas nos tópicos "Outros problemas ao correr na velocidade do som" e "A habilidade de escalar paredes correndo", ambos no capítulo destinado ao Flash em *A Física e os Super-Heróis Vol.1.*

[115] A rigidez dielétrica representa um valor limite do campo elétrico aplicado sobre um determinado material isolante, ao ponto de fazer com que conduza a corrente elétrica. Foi abordada no tópico "Personagens elétricos, capacitores ou baterias?", no capítulo destinado ao Electro.

Quadro 4.1 – Série tribo elétrica

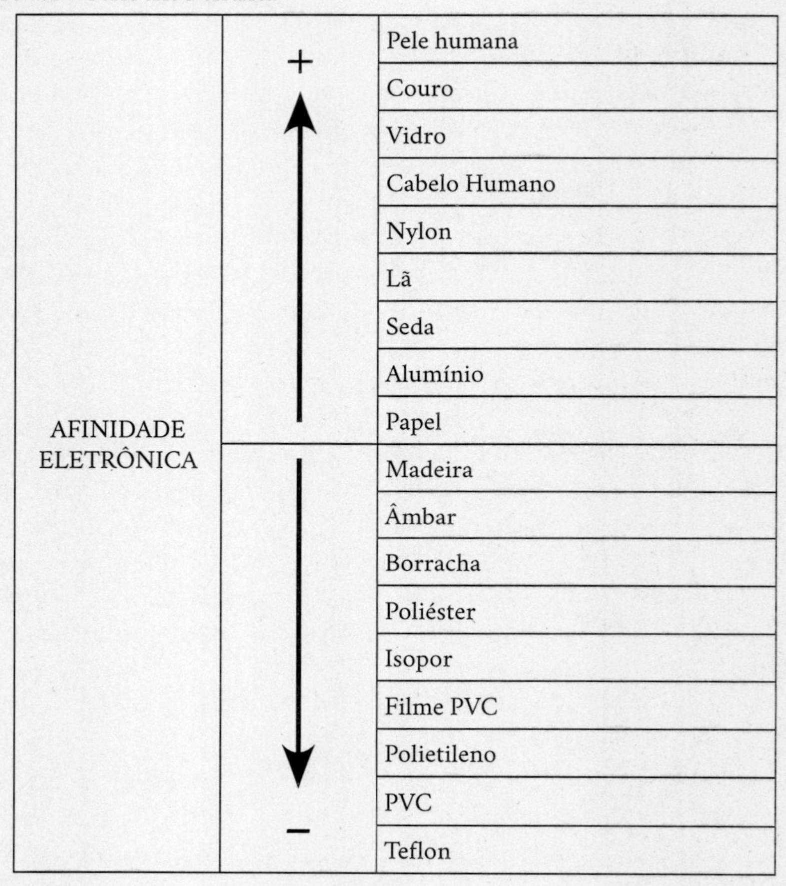

AFINIDADE ELETRÔNICA		
	+	Pele humana
		Couro
		Vidro
		Cabelo Humano
		Nylon
		Lã
		Seda
		Alumínio
		Papel
		Madeira
		Âmbar
		Borracha
		Poliéster
		Isopor
		Filme PVC
		Polietileno
		PVC
	–	Teflon

Fonte: o autor

Se for eletrizado um material localizado na parte de cima da série com outro mais abaixo, estes ficarão eletrizados negativamente, e aqueles positivamente. É o que ocorre entre a borracha do calçado e a lã de um carpete. O calçado tende a arrancar elétrons do carpete ao serem atritados. A borracha e a madeira, que tendem a receber elétrons, estão localizadas na parte de baixo da tabela, assim torna-se mais difícil ocorrer a eletrização entre ambas. Por isso, ao andar em um piso de madeira, como Virgil sugeriu, a eletrização se torna mais difícil.

Um fato comum em lugares de clima seco, e já mencionado, são pessoas levando choque ao encostar na lataria de carros. Os veículos automotores podem adquirir eletricidade estática em climas nessas condições, se não houver um caminho condutor com a terra para descarregá-los das cargas elétricas. Ao estar em movimento, o automóvel se eletriza mediante o atrito com o ar. A borracha é caracterizada como um material isolante. Com os pneus feitos de borracha, os automóveis estão isolados do solo, armazenando energia eletrostática. Ao encostar na lataria, o corpo humano pode propiciar um caminho para a descarga dessa energia estática, fazendo com que as cargas elétricas em excesso fluam em direção ao solo. A reação do corpo será a sensação de um leve choque. Em alguns caminhões, como os que transportam combustíveis, a energia estática se torna um grande problema, pois pode provocar o centelhamento de algumas faíscas, o que seria capaz de provocar uma explosão. Para que esse risco seja reduzido, cria-se um caminho condutor entre a lataria e a terra. Esses automóveis passam a arrastar pela estrada uma corrente metálica presa a lataria do caminhão. Fazendo isso, aterra-se o veículo, evitando o acúmulo de cargas elétricas em sua na lataria.

4.3 GRUDANDO ROUPAS PELO CORPO

Voltando ao episódio "Choque no Sistema", da animação do Super Choque, após a fatídica noite do incidente entre as gangues e a polícia, Virgin retorna para sua casa. Ao acordar na manhã seguinte, percebe que seu cobertor e suas roupas ficam grudando no corpo. Ele tanta afastar o cobertor, sem sucesso. De todos os incidentes que se tem com a eletricidade estática, esse é o mais comum. Um exemplo elementar ocorre ao usar blusas de lã. Quando se retira uma blusa de lã, pode-se sentir os pelos dos braços arrepiados, ouvir pequenos estalos e até mesmo presenciar pequenas faíscas no escuro. Esses fenômenos ocorrem por conta da eletrização entre nossa pele e a lã, mediante o atrito, e estão relacionados com a descarga de energia estática acumulada. Também é comum os tecidos adquirirem eletricidade estática após serem secos em secadoras de roupas, trazendo o incômodo de ficarem grudadas na pele ao serem usadas. A eletrização dos tecidos nessas secadoras pode ocorrer por atrito ao serem atingidos pelo ar quente e seco usado para secá-los. A eletrização também pode ocorrer por meio do atrito entre roupas de tecidos diferentes, com aqueles que tendem a receber elétrons adquirindo cargas negativas. Ao vesti-las, os elétrons do corpo serão repelidos para lugares mais distantes, fazendo com que a região próxima ao tecido fique com falta de elétrons, portanto com cargas positivas em excesso. Como ocorre a atração entre cargas elétricas opostas, o tecido ficará grudado ao corpo.

Voltando à análise da cena do primeiro episódio da animação do Super Choque, na qual os tecidos ficam grudados ao seu corpo, o corpo de Virgil poderia estar com excesso de cargas elétricas negativas. Ao se aproximar do cobertor, ocorre o processo de eletrização por indução[116], primeiro seu corpo afasta os elétrons do tecido, depois ocorre a atração. Em vez de atraído, o cobertor poderia ser repelido pelo corpo de Virgil. Ao passar a noite coberto, ele poderia transferir para o cobertor, por contato e atrito, certa quantidade de elétrons, e, ao retirá-lo, haveria dois corpos eletrizados com cargas de mesmo sinal. Com uma força elétrica repulsiva entre eles, o cobertor se afastaria de Virgil.

Figura 4.2 – Coleção Clássica Marvel Vol. 10

Fonte: Panini (2021)

Retornarei, brevemente, à história da primeira aparição de Electro em *The Amazing Spider-Man nº 9*, republicada no Brasil na *Coleção Clássica Marvel Vol. 10 – Homem-Aranha Vol. 2* (Panini, 2021). A repulsão e a atração

[116] Sobre a eletrização por indução, ver o tópico "Carregando-se eletricamente", pertencente ao capítulo destinado ao Electro.

entre as cargas elétricas explicariam como Electro conseguiu fugir escalando as paredes de um prédio após o assalto ao banco. Considerando que suas mãos estivessem eletrizadas negativamente, ao aproximá-las da parede, ele provocaria o afastamento dos elétrons livres presentes no material, que deve possuir características isolantes. Isso deixaria o local com excesso de cargas positivas e geraria uma força elétrica de atração entre ambos. O problema é que isso não ocorreria se Electro encostasse suas mãos em um material condutor. O aço está entre os metais mais eficazes em conduzir a corrente elétrica. Ao encostar as mãos em uma viga feita com esse material, seria como se o vilão estivesse aterrando seu corpo. Ocorreria uma transferência de elétrons de seu corpo para o material, o que poderia lhe descarregar rapidamente, perdendo boa parte de seus poderes.

4.4 TRANSFORMANDO ISOLANTES EM CONDUTORES

Os materiais isolantes também podem se comportar como condutores ao ficaram submetidos a uma tensão elétrica máxima que force os elétrons a moverem-se por eles a ponto de tornarem-se condutores de forma momentânea. Essa tensão máxima que transforma materiais isolantes em condutores é chamada de rigidez dielétrica. No episódio "Manchas Solares" ("Susnpot"), o sexto da segunda temporada da animação *Super Choque*, o protagonista enfrenta o meta-humano Adam Evans, o Homem-Elástico, cujo corpo é formado por borracha. Como o material possui características isolantes, o personagem é imune aos poderes elétricos do herói. De posse dos conhecimentos de eletricidade, Virgil sabe que, se submeter Adam a um campo elétrico intenso o suficiente, forçará as cargas elétricas a transitarem por seu corpo de borracha, mesmo sendo um isolante. Para isso, basta vencer a rigidez dielétrica do material. Tal conhecimento é verbalizado no episódio durante um confronto, no qual ambos mantêm o seguinte diálogo:

> Adam: "*... mas como a borracha é isolante os seus poderes elétricos não podem me ferir*".
>
> Super Choque: "*Vou lhe ensinar uma coisa sobre eletricidade, uma carga forte o suficiente supera qualquer isolante*".

Apesar de ter o conhecimento teórico, no desenvolvimento da cena, Virgil não consegue transformar a borracha que forma o corpo do vilão em um condutor, talvez pela pouca intensidade da tensão elétrica gerada. E qual seria a tensão necessária para transformá-lo em um condutor e derrotá-lo com uma descarga elétrica? Vejamos. A rigidez dielétrica da borracha é de, aproximadamente, 30.10^6 V/m, o que significa que seria necessária uma tensão de 30 milhões de volts, aplicadas por metro, para que o vilão passasse a conduzir a eletricidade. Se Virgil quisesse uma corrente elétrica percorrendo todo o corpo do Homem-Elástico, com o ponto de entrada situado na cabeça e saindo pelos pés, deveria submetê-lo a uma tensão aproximada de 51 milhões de volts. Veja o Quadro 4.2, a seguir:

Quadro 4.2

Considera-se que o vilão Homem-Elástico tenha 1,70 m de altura. Para que vença a rigidez dielétrica de seu corpo, a tensão mínima necessária deverá ser a rigidez da borracha multiplicada pela altura do vilão:

$$Tensão = 1,70.30.10^6$$

$$Tensão = 51.10^6 \text{ V}$$

Super Choque deveria aplicar sobre o Homem-Elastico uma tensão mínima de 51 milhões de volts para que uma corrente mínima passasse pelo corpo do vilão, da cabeça aos pés, dirigindo-se à terra. E afim de potencializar os efeitos do choque elétrico[117], Virgil deveria submeter o corpo do vilão a uma tensão elétrica cada vez mais intensa.

4.5 A BLINDAGEM ELETROSTÁTICA

Existe uma forma eficiente de os vilões se protegerem contra as descargas elétricas emitidas pelo Super Choque, a chamada blindagem eletrostática, que parte do princípio da disposição das cargas elétricas em um corpo condutor. Quando objetos feitos de material condutor, como o metal, recebem cargas elétricas[118], essas se espalham externamente por sua superfície. Por conta do princípio da repulsão entre cargas de mesmo sinal, elas se espalham uniformemente até atingirem o que é chamado de equilíbrio eletrostático, quando ocorre o fim de sua movimentação. Sem o deslocamento de cargas para o interior do corpo, o campo elétrico torna-se

[117] O choque elétrico foi abordado em detalhes no tópico "Correntes, choques elétricos e campos magnéticos", no capítulo destinado ao Magneto em A *Física e os Super-Heróis Vol.2*. Sugiro a leitura para um conhecimento mais aprofundado.

[118] Estas cargas elétricas são os elétrons, e os corpos podem recebê-los por meio de alguns dos processos de eletrização visto no tópico "Carregando-se eletricamente", no capítulo destinado ao personagem Electro.

nulo. Assim, se for colocado no interior de um condutor oco um corpo qualquer, ficará livre das ações elétricas provenientes do meio externo. Esse corpo servirá como uma proteção metálica, isolando outros corpos que estejam em seu interior.

A blindagem eletrostática é muito utilizada para proteger equipamentos eletrônicos de sofrerem interferência de campos elétricos e magnéticos externos, que podem danificá-los. Como exemplo, algumas peças nos circuitos de TV e rádios são isoladas eletrostaticamente, para não sofrerem interferência dos campos elétricos e magnéticos gerados por dispositivos próximos. Os aparelhos de micro-ondas são revestidos internamente por grades metálicas cuja função é impedir a passagem das ondas eletromagnéticas para o ambiente externo, o que poderia ser prejudicial para o organismo humano, além de diminuir a eficiência da máquina.

A blindagem eletrostática foi estudada experimentalmente, em 1836, pelo físico e químico britânico Michael Faraday (1791-1867), considerado um dos cientistas mais influentes de todos os tempos. Faraday realizou estudos que levaram à descoberta da indução eletromagnética, que, entre outras aplicações, permite a geração de energia nas usinas elétricas e o funcionamento dos motores. O cientista também realizou um experimento que ficou mundialmente conhecido. Com seus auxiliares, montou uma grande gaiola produzida com material condutor (metal), sobre suportes isolantes. Ao entrar nela, se sentou em uma cadeira feita com material também isolante, segurando um eletroscópio[119]. Na sequência, a gaiola foi fechada e submetida a descargas elétricas de alta tensão produzidas por um gerador. Mesmo recebendo intensas descargas elétricas, Faraday não verificou nenhuma deflexão nas folhas do eletroscópio; o cientista saiu ileso, provando que era seguro permanecer no seu interior.

Apesar de atualmente a blindagem eletrostática ter uma vasta aplicação, na época a preocupação de Faraday era outra, a preservação da pólvora durante seu transporte. Em 1845, ele enviou uma carta ao cientista britânico James Cosmo Melvill (1845-1829).

> Na carta ele aborda, novamente, o assunto referente à blindagem eletromagnética, que começava a ficar conhecido como "gaiola", indicando a utilização desta, para armazenar pólvora em um paiól, de modo seguro, sem que este pegasse fogo e,

[119] Os eletroscópios são instrumentos para detectar a presença de cargas elétricas em um corpo. Para saber mais sobre sua história e funcionamento, consultar o artigo de Alexandre Medeiros "As origens históricas do eletroscópio". Disponível em: https://doi.org/10.1590/S0102-47442002000300013. Acesso em: 2 jan. 2024.

> consequentemente, explodisse por motivos de descargas elétricas, como raios de tempestades naturais, por exemplo. Uma observação importante para Faraday foi a de que seria [...] impossível matar um pássaro em uma gaiola de arame pelo fluido elétrico [...] .

Através desta declaração, deixou esclarecido que seria muito seguro ficar em lugar blindado metalicamente, quando houvesse tempestades de raios, além de outras aplicações. (Leite, 2012, p. 55 e 56).

Figura 4.3 – Esboço da gaiola, realizado por Michael Faraday, em carta enviada a James Melvill

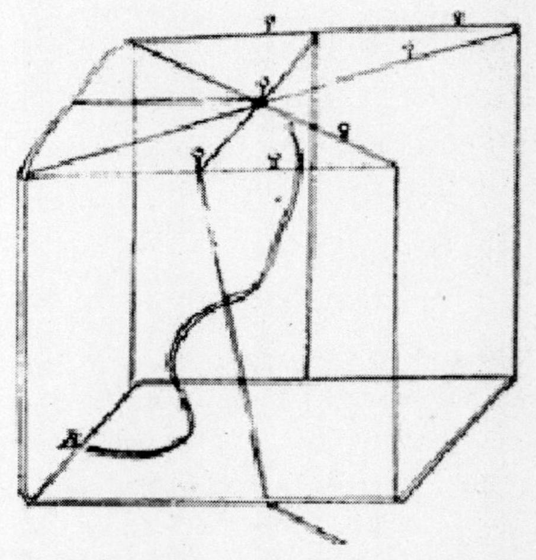

Fonte: Carta 1745 de Michael Faraday para James Melvill, 7 de junho de 1845. A partir da cópia original em IOLR MS F/4/2009, Coleção 98202, p 143 – 157, Real Int

Portanto, a Gaiola de Faraday é uma barreira de proteção contra campos elétricos e magnéticos indesejados. Outra aplicação da descoberta de Faraday pode ser vista em automóveis e aviões; ao serem atingidos por descargas elétricas, sua capota metálica, material condutor, distribui, em sua superfície, a carga elétrica recebida. Como o campo elétrico será nulo em seu interior, os passageiros encontram-se totalmente protegidos, mesmo sendo atingidos por intensas descargas, como os relâmpagos. Essa aplicação da blindagem já foi utilizada na animação do *Super Choque*, por exemplo, no episódio "Manchas solares" ("Sunspot"), em que há uma cena na qual o herói realiza uma descarga elétrica sobre um carro para movê-lo de local, e os passageiros em seu interior nada sofrem.

Técnicos que trabalham na manutenção da rede elétrica de alta-tensão utilizam um equipamento de proteção individual, chamada de "vestimentas condutivas". Feitas de malha composta de micro fios de metal, elas os protegem de tensões que podem superar os 500 mil Volts. A malha pode se energizar, mas os trabalhadores estarão protegidos pelo princípio da blindagem eletrostática. Roupas feitas com essa malha metálica seriam muito úteis para quem quisesse se proteger dos golpes dos personagens com poderes elétricos, como o Super Choque. Proteção que poderia ser usada pelo Homem-Aranha contra os raios emitidos pelo Electro, para que seus lançadores de teia deixassem de queimar todas as vezes que uma teia atingisse o corpo do vilão, como ocorrido em *O espetacular Homem-Aranha 2: a ameaça de Electro* (EUA, 2014).

4.6 DERRETENDO METAIS

A habilidade de criar e manipular campos magnéticos concede ao Super Choque o poder de influenciar a movimentação das cargas elétricas, o que lhe garante a capacidade de aquecer materiais condutores até que derretam. Essa possibilidade é abordada em *A Física e os Super-Heróis Vol. 2,* no capítulo destinado ao Magneto:

> Quando uma corrente elétrica percorre um fio condutor, poderá ocorrer o seu aquecimento. A causa disso são as colisões entre os elétrons que formam a corrente elétrica com os átomos do material do qual o fio é formado. Uma das consequências desse atrito será a conversão de parte da energia que a corrente está transportando em energia térmica, fenômeno conhecido como efeito Joule. Quanto maior for a intensidade da corrente elétrica, maior será o efeito Joule e mais o fio aquecerá. O físico e químico britânico Michael Faraday descobriu que a variação no campo magnético nas proximidades de materiais condutores, induz o aparecimento de uma corrente elétrica nestes materiais, é a chamada lei da indução eletromagnética ou lei de Faraday. Essa é uma das descobertas mais importantes da física. Com esse princípio é que a energia elétrica é produzida nas usinas produtoras de eletricidade, como as hidrelétricas.[120]

A variação de um campo magnético nas proximidades de um corpo condutor gera um campo elétrico, o qual atua sobre os elétrons livres do

[120] COELHO, R. *A Física e os Super-Heróis Vol. 2*. Curitiba: Appris, 2023. p. 127.

condutor, criando uma corrente elétrica induzida. Conhecedor dessa lei de Faraday, Super Choque utiliza-se do princípio da indução eletromagnética para derrotar seus adversários metálicos, provocando uma variação em campos magnéticos em suas proximidades, a qual induz o aparecimento de uma intensa corrente elétrica, que percorre o corpo do adversário e gera calor por meio do efeito Joule.

Na revista em quadrinhos *Super Choque – Os novos 52*, na história "Verdadeiras Naturezas", o herói enfrenta um vilão metálico (Figura 4.4), que, por ser feito de metal, pode ser derrotado facilmente por seus poderes elétricos. Porém, o vilão possui o corpo coberto por uma camada de borracha, o que o deixa isolado e imune à eletricidade. Como um estudante aplicado em Física, conhecedor da Lei da Indução Eletromagnética de Faraday, Super Choque cria intensos campos magnéticos variáveis no entorno do vilão. Fazendo isso, uma corrente elétrica de alta intensidade passa a percorrer o interior do corpo de metal do adversário, gerando calor e derretendo seu corpo de dentro para fora. O questionamento surge em como Super Choque produziria essa variação no campo magnético. Podendo controlar os campos elétricos, ele poderia gerá-lo ao provocar uma corrente elétrica em algum material ferromagnético próximo, o que não se é visto. Talvez, assim como Magneto, ele consiga gerar campos magnéticos em volta de seu corpo[121], mas para isso seria necessário que cargas elétricas percorressem suas veias e vasos sanguíneos e que esses fossem dispostos em seu corpo como um solenoide, como o que foi especulado para o corpo do personagem dos X-Men em A Física e Os Super-herois vol. 2.

[121] A maneira pela qual Magneto poderia criar um campo magnético ao redor de seu corpo foi discutida em "O poder de controlar cargas elétricas", no capítulo destinado ao Magneto em *A Física e os Super-Heróis Vol. 2*.

Figura 4.4 – Super Choque, Os Novos 52!

Fonte: Panini (2012)

4.7 ELETRÓLITOS EM ALTA

Na animação *Super Choque*, no episódio "Depois do choque" ("Aftershock"), o segundo da primeira temporada, após adquirir seus poderes, Virgil demonstra-se preocupado com seu estado de saúde. Isso o faz procurar um médico e solicitar, insistentemente, um exame completo. O médico lhe dá um diagnóstico positivo, dizendo que a única coisa anormal em seu corpo são os níveis altos de eletrólitos. Será que pode haver alguma relação entre os eletrólitos e o poder elétrico do personagem? No tópico "A eletricidade nos seres vivos", no capítulo destinado ao Electro, vimos que os processos elétricos são essenciais para a manutenção da vida, pois é através deles que as células se comunicam. Nossos pensamentos, ou raciocínio, se dão mediante a comunicação entre os neurônios, que ocorrem por intermédio de impulsos elétricos. Assim o ato de falar, caminhar ou qualquer ação mecânica de nosso corpo ocorre após respostas às ordens do celebro, que são dadas também por impulsos elétricos. Tudo isso só é possível, pois as células do corpo estão imersas em um meio condutivo. Mais de 70% do corpo humano é formado por água, onde as cargas elétricas encontram um meio ideal para sua locomoção. Porém, a água em seu estado puro, também chamada de água destilada, se torna um meio isolante para a eletricidade. Água destilada é aquela livre de qualquer tipo do que pode ser considerada impurezas, como sais, íons, micro-organismo, ou algo qualquer que não sejam as moléculas de H_2O.

A corrente elétrica caracteriza-se por uma movimentação ordenada de cargas elétricas, podendo ser elétrons ou íons. "Quando um átomo ganha ou perde elétrons, é chamado de íon. A corrente elétrica também pode ser gerada pela movimentação dos próprios íons, o que é muito comum ocorrer nas células."[122] No caso dos seres humanos, são esses íons que transformam toda água presente no corpo em um meio condutor para as cargas elétricas. É por isso que a água salgada conduz melhor a eletricidade do que a água doce. O cloreto de sódio, popularmente chamado de sal de cozinha, cuja fórmula química é NaCl, aumenta a concentração de íons na solução, pois na presença da água é desassociado em íons Na^+ e Cl^-. Cada grama de sal (NaCl) adicionada à água introduz cerca de 2.10^{22} íons na solução, que agem como transportadores de cargas elétricas, logo de eletricidade.

As substâncias que, em um meio líquido, são capazes de formar íons são chamadas de eletrólitos. No organismo animal, as principais substâncias

[122] COELHO, R. *A Física e os Super-Heróis vol. 2*. Curitiba: Appris, 2023. p. 110.

que se transformam em eletrólitos são sódio, potássio, cálcio, magnésio, bicarbonato, fósforo, entre outras. Como exemplo de suas funções, no organismo pode ser citado:

> A contração muscular precisa do eletrólito de cálcio, que permite que as fibras musculares deslizem juntas e se movam umas sobre as outras quando o músculo encurta e se contrai.
>
> No cérebro, os eletrólitos de sódio se movem através da membrana da célula nervosa e geram impulsos nervosos. E esses impulsos permitem que o cérebro se comunique com as células de todo o corpo.[123]

Os eletrólitos são responsáveis por carregar as cargas elétricas presas aos íons. Essa movimentação é o que caracteriza a corrente elétrica, que transporta a energia elétrica pelo corpo. Super Choque, como qualquer personagem com poder elétrico similar, que possui a capacidade de gerar uma corrente elétrica e transportar essa eletricidade pelo corpo, deve tê-lo como um ótimo meio condutor. Para isso, deve ter em seu organismo uma alta concentração de eletrólitos, facilitando o transporte da energia elétrica pelos seus corpos, deixando preciso o diagnóstico médico recebido por Virgil.

4.8 DERRETENDO GELO

No quinto episódio da segunda temporada de *Super Choque* (Static Shock), denominado "Congelados" (Frozen Out), o herói enfrenta uma transformada capaz de esfriar o ambiente onde está presente e congelar tudo que toca. Mais tarde é revelado que se trata de Maureen Conner, uma garota que foi morar nas ruas após a morte da mãe e da negligência do padrasto. Como consequência, a menina sofre com problemas mentais, sendo incapaz de controlar seus poderes. Investigando uma eventual falta de eletricidade na cidade, Super Choque percebe que a companhia de energia elétrica foi parcialmente soterrada por neve. Ele utiliza de seus poderes para derreter a neve, restabelecendo o fornecimento de energia. Por conta da grande quantidade de neve, ele descarrega quase toda a eletricidade de seu corpo, necessitando recarregar-se nos cabos de energia.

No tópico "Personagens elétricos, capacitores ou baterias?", no capítulo dedicado a Electro, vimos que os personagens com poderes elétricos se comportam ora como baterias, ora como capacitores. Assim como as pilhas e

[123] Reportagem "Eletrólitos: o que são, funções e importância". Disponível em: https://www.ecycle.com.br/eletrolitos/. Acesso em: 2 fev. 2024.

baterias, Super Choque transforma a energia química presente em seu corpo, proveniente de sua alimentação, em energia elétrica, além de outras formas de energia. Com a intenção de derreter a neve que se encontra sobre a companhia de energia, quase a totalidade desta energia elétrica é transformada em energia térmica para aumentar a temperatura da água em estado sólido e fazer com que derreta. Assim como uma bateria descarrega após certo tempo de uso, a energia do corpo do herói finda. Seu organismo necessitaria de certo tempo para repor essa energia perdida, como as pilhas e baterias recarregáveis em rede elétrica. Sem ter esse tempo, o herói procura cabos de alta tensão para recarregar-se rapidamente, assim como os capacitores "pegam carga" instantaneamente ao serem conectados na rede elétrica.

Pode ser feita uma estimativa da quantidade de energia despendida por Super Choque para derreter todo o gelo sobre a companhia de eletricidade. Na cena, a montanha de gelo tem forma semiesférica, parecida com uma oca de índios, ou com os antigos iglus dos esquimós. Será considerada que essa enorme esfera de neve tenha cinco metros de raio, assim terá um comprimento de dez metros por cinco de altura.

Para derreter certa massa de gelo, é preciso fornecer calor para que sua temperatura aumente até atingir o zero grau Celsius. A quantidade de calor fornecida é chamada de *calor sensível*, representada nas equações de calorimetria pela letra "Q". Após atingir zero grau, deve-se continuar fornecendo calor. A quantidade de calor necessária para fazer uma substância mudar de fase, nesse caso da sólida para a líquida, é chamada de calor latente de fusão, sendo representara por "L_F".

Ao soterrar a companhia elétrica, considere que Maureen Conner tenha transformada a umidade local em neve a dez graus negativos. Super Choque deve fornecer energia a essa massa de gelo para que sua temperatura aumente, gradativamente, dos -10°C até 0°C. Com o gelo a 0° C, ele continua fornecendo energia, e o gelo começa a derreter. Enquanto o processo de fusão ocorrer, tanto a massa de água que continua sólida quanto a que já derreteu permanecem com a mesma temperatura, de 0° C.

É possível determinar a quantidade de energia consumida por Super Choque para derreter toda a massa de gelo envolvida nessa situação. Para isso, primeiramente se faz necessário utilizar a "equação fundamental da calorimetria" (Equação 4.1), para calcular a quantidade de calor que Super Choque deverá fornecer à enorme esfera de gelo para que sua temperatura passe de -10° C a 0°C.

$$\boxed{Q = m.c.\Delta t} \qquad (4.1)$$

em que:

Q → quantidade de calor trocada;

m → massa do corpo;

c → calor específico;

Δt → variação de temperatura[124].

É preciso também determinar a massa de água em estado sólido presente na esfera de gelo, utilizando a relação existente entre densidade, massa e volume. A densidade de um corpo está relacionada com a quantidade de matéria presente em seu volume, sendo uma razão entre a massa e o volume por ela ocupada (Equação 4.2):

$$\boxed{d = \frac{m}{v}} \qquad (4.2)$$

Da equação 4.2 conclui-se que a massa de corpo relaciona-se com seu volume e a densidade da substância do qual esse corpo é formado (Equação 4.3):

$$\boxed{m = d.v} \qquad (4.3)$$

A densidade do gelo a – 10° C é de, aproximadamente, 920 kg/m³, o que significa que, a essa temperatura, cada metro cúbico de gelo terá uma massa de 920 kg. Já o volume de uma esfera é dado pela Equação 4.4, nela letra *r* representa o raio da esfera:

$$\boxed{V = \frac{4}{3}\pi r^3} \qquad (4.4)$$

Considerando que a montanha de gelo que Super Choque queira derreter seja a metade de uma esfera de raio igual a 5 m, seu volume será:

$$V = \frac{4}{3}.3{,}14.5^3 = 532m^3$$

[124] Na Equação (4.1), o termo Δt representa a variação de temperatura apresentada pela massa de gelo. Expressamente é representada por $\Delta t = t_i - t_f$, em que t_i é a temperatura inicial de amostra e t_f a temperatura após a troca de calor.

O volume total de uma esfera com 5 m de raio é de 532 m³, pressupondo apenas sua metade, o volume de gelo derretido será de 226 m³ (532/2).

Substituindo-se este volume e a densidade do gelo na equação 4.3, tem-se:

$$m = d.v$$
$$m = 920.226$$
$$m = 207.920\,kg$$

A massa de gelo derretida por Super Choque foi de, aproximadamente, 208 toneladas.

Cada substância necessita receber certa quantidade de calor para que um grama de sua massa aumente um grau. Essa grandeza é denominada "calor específico", e cada substância possui o seu. Na Tabela 4.2, é apresentado o calor específico de algumas substâncias:

Tabela 4.2 – Calor específico de algumas substâncias ou materiais

Substância	**Calor específico (cal/g. °C)**
Água líquida	1,00
Gelo	0,50
Vapor d água	0,48
Madeira	0,42
Vidro	0,20
Areia	0,12

Fonte: o autor

O calor específico da água líquida de 1,0 cal/g. °C significa que, para aumentar a temperatura de 1g de água em 1 °C, é preciso transferir uma caloria em forma de calor. O calor específico da areia de 0,12 cal/g. °C significa que, a cada 0,12 cal que 1g de areia recebe em forma de calor, sua temperatura aumentará um grau. O mesmo é válido para a redução da temperatura. Assim, para que um grama de água reduza sua temperatura em 1 °C, faz-se necessário perder uma caloria em forma de calor, e a areia 0,12 calorias.

A densidade do gelo é de 0,50 cal/g. °C e pode ser expressa em kg, sendo de 500 cal/kg. °C. Isso significa que, para cada 500 kg de gelo aumentar sua temperatura em 1° C, precisa receber 500 cal. Para calcular a energia fornecida por Super Choque em forma de calor para derreter a montanha de gelo, substitui-se, na Equação 4.1, os valores da massa do gelo a se derreter, o calor específico do gelo e a variação apresentada em sua temperatura, que foi de -10º C para 0º C:

$$Q = m.c.\Delta t$$

$$Q = 207,920.500.10$$

$$Q = 1.039.600.000 cal$$

$$Q = 1.039.600 kcal$$

Para reduzir a temperatura da enorme montanha de gelo de -10º C para 0 ºC, Super Choque deveria fornecer mais de 1 milhão de quilocalorias (kcal) em forma de calor. Agora será calculada a quantidade de energia necessária para que se derreta essa massa de gelo.

Enquanto à água vai mudando de fase, passando da sólida para a líquida, sua temperatura se mantém a zero graus, até derreter completamente. Somente a partir daí, com o contínuo fornecimento de calor, é que sua temperatura começa aumentar. O valor do calor latente de fusão do gelo (L_F) é de 80.000 cal/kg, o que significa que é preciso fornecer 80.000 cal para cada quilo de gelo derreter. Para calcular a quantidade de calor para derreter a montanha de gelo de 207.920 kg, faz-se uso da Equação 4.5 realizando as duas substituições, tem-se:

$$Q = m.L_F$$

$$Q = 207,920.80,000$$

$$Q = 16.633.600.000 cal$$

$$Q = 16.633.600 kcal$$

Portanto, Super Choque deveria fornecer mais de 16 milhões de kcal. A energia total fornecida pelo herói à montanha de gelo para baixar sua temperatura de -10 para 0, foi de 17.673.200 kcal. Esse valor equivale a 69.594.982.400 de joules ou 19.332 kWh. Se uma família de cinco membros consumisse 300 kW/h por mês em sua residência, a energia utilizada por Super Choque seria suficiente para suprir sua demanda por eletricidade por mais de cinco anos. Após todo esse gasto, não é preciso dizer que uma tremenda fome lhe acometeria. Considerando-se um hambúrguer bem caprichado com mais de 400 kcal, Super Choque teria um apetite para consumir mais de 44 mil sanduiches.

CAPÍTULO 5

TEMPESTADE

Ororo Munroe, ou Tempestade (Storm, no original), foi criada pelo roteirista estadunidense Len Wein (1948-2017) e seu compatriota, o desenhista David Emmett Cockrum (1943-2006). Em sua história, é filha de N'Dare, uma princesa tribal do Quênia, e do fotojornalista estadunidense David Munroe. Eles se conhecem no Quênia e, após o casamento, mudam-se para Manhattan, onde nasce Ororo. Ao completar 5 meses de vida, a família retorna para a África e passa a morar na cidade do Cairo, capital do Egito. Aos 5 anos de idade, Ororo vivencia uma grande tragédia, um avião sucumbi sobre sua casa, deixando a família sobre escombros. Ela sobrevive, mas perde seus pais. O trauma de ficar presa sob os destroços e ver os pais mortos soterrados faz com que ela desenvolva claustrofobia, doença com a qual convive por toda a vida.

Ororo consegue escapar dos escombros e, órfão e sem ter alguém por ela, passa a viver nas ruas do Cairo. É encontrada por uma gangue de jovens ladrões e levada por eles ao seu mestre, Achmed El-Gibar, que dá abrigo a Ororo e a treina nas artes do roubo, fazendo dela sua melhor aluna. Em um de seus furtos, ela tenta roubar a carteira de Charles Xavier, que está em turismo na cidade, mas ele usa sua telepatia para forçá-la a devolver o objeto. Nesse momento Xavier é atacado psiquicamente por Amahl Farouk, governante absoluto dos ladrões do Cairo, mas consegue derrotá-lo prendendo sua mente no plano astral. Ororo aproveita o ocorrido para fugir e, aos 12 anos decide ir em busca de suas origens, começando uma viagem rumo ao Quênia. Durante o trajeto, um acontecimento a marca profundamente quando aceita a carona de um caminhoneiro. O motorista tenta violentá-la, e ela, para se defender, é forçada a matá-lo; a partir desse momento jura que nunca tiraria uma vida novamente.

Continuando sua jornada, próximo ao seu destino, seus poderes mutantes começam a manifestar e são usados para salvar T'Challa, príncipe da nação Africana de Wakanda, e futuro Pantera Negra, que havia sido sequestrado. Ambos vivem um romance, mas os deveres de T'Challa junto a sua tribo o força a abreviar a relação. Com o fim do namoro, Ororo retoma sua caminhada até o Vale de Kilimanjaro nas Planícies de Serengeti, entre a Tanzânia e o Quênia, lar de seus ancestrais. Na aldeia é acolhida por Ainet, uma idosa que lhe ensina a desenvolver seus poderes e a utilizá-los para o bem. Ela, então, traz chuva e um clima bom para o plantio e passa a ser adorada como uma deusa pelos moradores locais.

Na época Charles Xavier já liderava a equipe dos X-Men, formada originalmente pelo Ciclope, Jean Grey, Fera, Homem de Gelo e Anjo. Em uma missão, a equipe é capturada e fica presa na ilha viva Krakoa. Xavier é forçado a montar as pressas uma equipe de resgate. Como a existência de Ororo já era de seu conhecimento, ele a convoca para integrar essa nova equipe. Futuramente ela se tornaria membro definitivo e passaria a ser chamada de Tempestade.

Tempestade é considerada uma das mutantes mais poderosas dos quadrinhos. Seu poder de controlar elementos climáticos lhe permite evocar raios e tempestades impetuosas com furacões e nevascas, além de congelar pessoas e objetos, controlar o ar dentro dos pulmões dos seres vivos, enxergar qualquer tipo de energia, manipular a eletricidade, entre outros. Aqui será analisada a ciência que lhe garante o poder sobre o clima.

5.1 FORMANDO NUVENS DE TEMPESTADE

Uma das habilidades mais notáveis de Ororo é sua habilidade de manipular o clima, provocando desde chuvas brandas até violentas tempestades, com fortes rajadas de ventos, raios e relâmpagos. O poder de formar as nuvens de tempestade e o domínio sobre os raios assemelham-se às habilidades de Thor e já foram discutidos no capítulo referente ao personagem nos tópicos "Evocando tempestades" e "Invocando raios". Para explorar algumas de suas habilidades sobre o clima, Tempestade pode manipular alguns de seus elementos para formar as nuvens de tempestade, chamadas de cumulonimbus.

> Todas as nuvens são formadas por partículas de água que evaporam a partir da superfície terrestre. Essa água evaporada está presentes nas florestas, rios, mares e até mesmo no ar na forma de vapor. [...] Na formação das nuvens de tempestade esse processo é intensificado com o aumento da temperatura ambiente, por isso, em geral, as tempestades são mais frequentes e rigorosas no verão.[125]

[125] Trecho retirado do tópico "Evocando tempestades", no capítulo dois, relacionado ao personagem Thor.

Para formar as nuvens cumulo nimbos, Tempestade deve intensificar o processo de evaporação natural da água com um possível aumento da temperatura ambiente.

A temperatura está relacionada ao grau de vibração dos átomos ou moléculas que formam um corpo, ou uma substância. Essa energia que os átomos ou moléculas possuem é chamada de energia cinética; a temperatura de um corpo varia de acordo com a energia cinética de suas moléculas. Para poder aumentar a temperatura no local onde se encontra, Tempestade pode ter o controle sobre a energia cinética dos átomos e moléculas de qualquer substância, variando de acordo com sua vontade. Essa seria uma de suas principais habilidades. Ao aumentar a temperatura local, ela estimularia a evaporação da água e a consequente formação das nuvens de tempestade. O vapor aquecido, por ser mais leve, ascende até atingir elevadas altitudes, onde se encontram massas de ar fria. Ao entrar em contato com elas, o vapor perde energia, sua temperatura diminui, e ele se condensa, passando para o estado líquido, formando as nuvens. Quanto mais escura for uma nuvem de tempestade, mais gotículas de água terá. Essas pequenas gotas no interior da nuvem começam a chocar-se com outras, agregando-se e formando gotas cada vez maiores. Conforme aumentam de tamanho, vão ficando cada vez mais volumosas até chegar o momento que não conseguem sustentar-se no ar e caem em forma de chuva. Após isso, Tempestade pode utilizá-las para seu objetivo, seja ele qual for.

Se Tempestade puder interferir na temperatura no interior das nuvens, pode baixá-la a ponto de as gotas de águas ali presentes congelarem, precipitando-se na fase sólida, que são os granizos. Dependendo da quantidade e do tamanho das gotas de água que solidificaram, poderão causar enormes estragos ao atingir a superfície, sendo uma importante arma. Se as gotas de água formadas no interior das nuvens não forem tão volumosas, se solidificarão na forma de pequenos cristais de gelo, precipitando-se como neve. Tanto o granizo quanto a neve podem ser utilizados como uma opção de ataque pela heroína.

5.2 FAZENDO USO DE RAIOS

As condições para que Tempestade utilize os relâmpagos como arma são quase as mesmas necessárias a Thor, as quais foram discutidas no tópico "Evocando raios", no capítulo referente ao herói. Admite-se que a heroína pode interferir no processo de formação das nuvens típicas de tempestade, chamadas de cúmulo nimbos, que teriam que passar rapidamente pelo processo de separação de cargas elétricas ocorridas em seu interior que propiciam as descargas elétricas. Como visto no capítulo destinado ao Thor, as massas constituintes dessas nuvens passam por um turbulento processo em seu interior, parte com movimentos ascendestes e outra com movimentos descendestes. O atrito entre essas partículas, podendo deslocar-se a 100 km/h, acarreta a eletrização em cada extremo das nuvens, com cargas elétricas positivas em excesso localizadas em seu topo e cargas negativas em sua base, as quais afastarão os elétrons nas proximidades da superfície da terra, logo abaixo da nuvem, fazendo com que passe a apresentar um excesso de cargas positivas.

Com a base da nuvem e a superfície da Terra próxima a ela eletrizadas com cargas de sinais opostos, surge um intenso campo elétrico atrativo entre ambos. Com a intensidade desse campo aumentando progressivamente, em decorrência do aumento da concentração de cargas elétricas, pode chegar um momento em que se atinja um valor crítico, no qual ocorrerá a movimentação de cargas elétricas entre ambos, nesse caso das nuvens em direção a terra. O poder da Tempestade estaria em criar um caminho de baixa resistência para essa movimentação das cargas elétricas pelo ar, em direção ao alvo que queira atingir. Como já discutido em Thor, não se sabe ao certo como esse caminho seria criado para utilizar do poder destruidor dos relâmpagos e raios como arma.

Apenas a capacidade de alterar a trajetória dos raios não seria suficiente para utilizá-los como arma eficaz, porque seu uso ficaria restringido apenas ao momento em que a rigidez dielétrica do ar fosse vencida de forma natural, propiciando a descarga elétrica entre a nuvem e o solo. Para utilizá-los como arma quando quisesse, Tempestade teria que induzir com seu poder o aumento do campo elétrico entre as partes envolvidas, até o valor limite em que a rigidez dielétrica do ar fosse rompida. Assim, o ar deixaria de atuar como um isolante, permitindo a passagem da corrente elétrica, o que possibilitaria as descargas elétricas. Com uma rigidez dielétrica de 3.10^6 V/m, seria preciso um campo elétrico de 3 milhões de volts por metro para que o ar passasse a se comportar como condutor. A altura da base das nuvens de tempestade pode variar de um a quatro quilômetros. Considerando o valor mínimo de um quilômetro, Tempestade teria de estimular uma tensão de 3 bilhões de volts (3.10^9 V) para induzir uma descarga elétrica a partir da base da nuvem, além de poder desviá-la para atingir seu adversário.

No Quadro 5.1 a seguir, é calculada a energia dispensada pela heroína para gerar essa tensão. Assim como no tópico "O poderoso golpe elétrico de Mjölnir", no capítulo destinado ao Thor, será considerado o tempo médio de duração de um raio de um milésimo de segundos e que as descargas envolvem uma corrente de 20 mil amperes.

Quadro 5.1

Para calcular a quantidade de energia envolvida durante a emissão de um raio, será feito uso da equação (IV) "E=V.i.t" utilizada no tópico "O poderoso golpe elétrico de Mjölnir". Considera-se que tensão (V) é de 3 bilhões de volts (3.10^9 V) e que a corrente elétrica (i) é de 20.000 amperes (2.10^4 A). Levando em conta que essa descarga ocorre em um milésimo de segundo (1.10^{-3} s), a troca de energia envolvida será:

$$E = V.i.t$$
$$E = 3.10^9 x 2.10.^4 10^{-3}$$
$$E = 6.10^{10}\ Joules$$

Considerando as condições anteriormente definidas para a ocorrência da descarga elétrica, as trocas energéticas seriam de 60 bilhões (6.10^{10}) de joules, aproximadamente 14 bilhões de calorias. Supondo que Tempestade se alimente na mesma carrocinha de lanches que Super Choque, seriam necessários mais de 150 mil hambúrgueres de 400 kcal para suprir essa demanda energética. Sorte grande do dono da barraquinha de lanches.

5.3 EMITINDO RAIOS

Um dos poderes muito utilizados por Tempestade é a emissão de raios pelas mãos, causando um choque em seu oponente. Como já discutido no capítulo destinado ao Electro, para realizar tal proeza, esses personagens devem acumular grande quantidade de cargas elétricas em seus corpos, as quais podem ser acumuladas pelos processos de eletrização, sendo a por contato a mais aceita nesses casos. Ou esses personagens deveriam gerar essas cargas em seus corpos de uma forma muito parecida com o que fazem os peixes elétricos com seus eletrócitos[126]. Além disso, a carga acumulada

[126] Ver tópico "Personagens elétricos, capacitores ou baterias?", do capítulo sobre o personagem Electro.

deve gerar um potencial elétrico suficiente para vencer a rigidez dielétrica do ar e fazer com que os raios percorram por ele as distâncias que separam os personagens envolvidos.

5.4 CRIANDO TORNADOS

Outra habilidade corriqueira de Tempestade é a formação de tornados contra um adversário ou como meio de transporte. É bem comum ver a heroína gerar pequenos tornados que lhe servem para flutuar, como visto em X-*Men – o confronto final*[127], na cena em que confronta os vilões da Irmandade. Geralmente, para a formação dos tornados, é preciso a existência de nuvens de tempestade, como as cúmulos-nimbos. Além disso, faz-se necessária a chegada de uma massa de ar fria e seca em um local onde predomina outra massa de ar, porém quente e úmida. Desse encontro são gerados intensos fluxos de ar quente ascendentes e frio descendestes. Concomitantemente, no interior das nuvens de tempestade, ocorre uma movimentação incomum do ar, não verticalmente, mas apresentando uma rotação ao em torno de um eixo horizontal. As correntes de ar ascendentes, a partir da superfície, ao chegarem a grandes altitudes, onde se situam as cumulo nimbos, encontram essa circulação horizontal em seu interior e começam a chocar-se contra ela forçando sua inclinação. Essa massa de ar continua girando de forma violenta no interior da nuvem, agora não mais na horizontal, e vai se inclinando cada vez mais, ganhando energia e se alongando em direção à superfície. Ao atingir a superfície logo abaixo na nuvem, forma-se o tornado, em forma de funil e estreito, que pode variar entre metros ou centenas de metros de diâmetro. O vórtice formado é caracterizado pela movimentação do ar em círculos espiralados em velocidades que podem ultrapassar 500 km/h, com uma massa de ar fria e seca descendente pelo seu centro e outra quente e úmida por sua periferia (Figura 5.1).

Um dos fenômenos meteorológicos mais destrutivos do planeta, o tornado é a arma perfeita para Tempestade, a começar pelo seu nome, originário do termo espanhol *tornada*, que significa tempestade. Com uma velocidade circular de centenas de quilômetros por hora, um tornado arranca tudo que estiver em seu caminho. Se uma pessoa for atingida pelos destroços voando a essa velocidade, pode ser fatal. Só não daria para Tempestade utilizá-lo como meio de transporte e ficar parada em seu topo, até porque, como já comentado, no centro do tornado, o ar é descendente e a empurraria para baixo, fazendo com que caísse pelo túnel de vento em espiral.

[127] X-MEN: The Last Stand. Direção: Brett Ratner. Estados Unidos: 20th Century Fox, 2006. 1 DVD (104 min.)

Figura 5.1 – Formação de um tornado

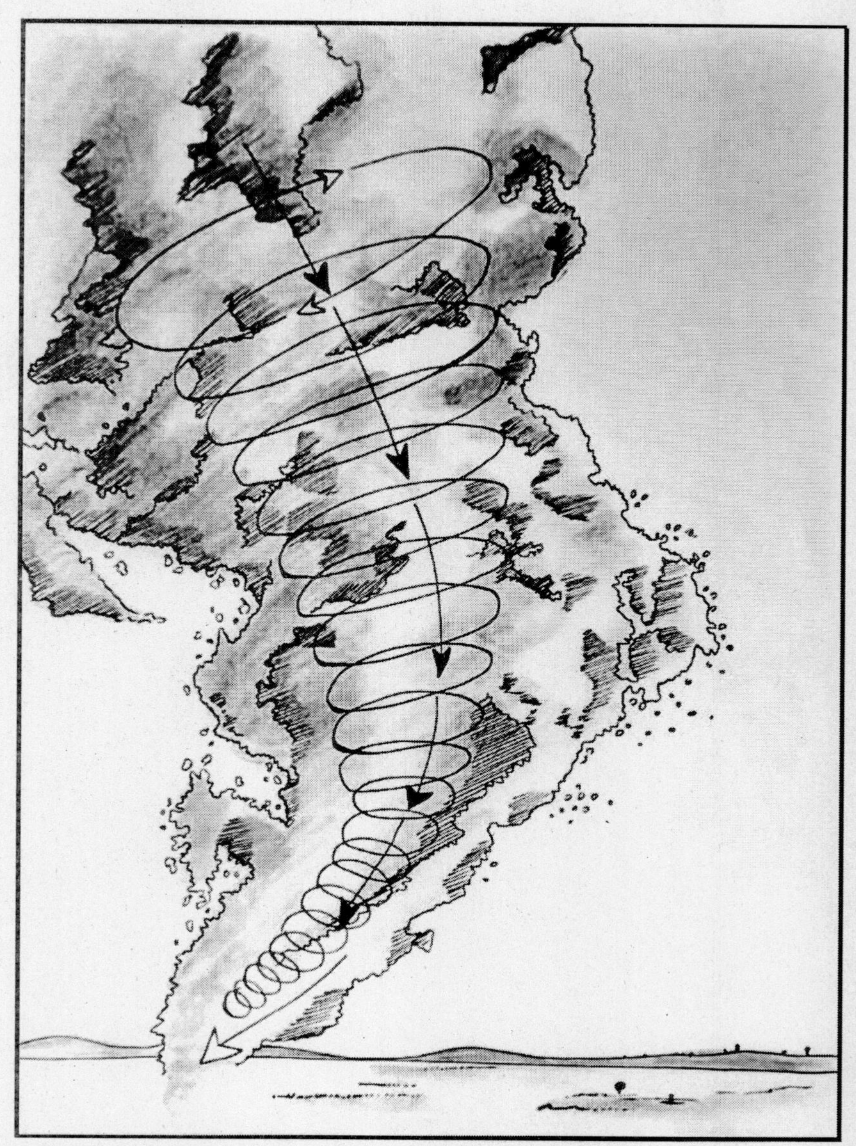

Fonte: ilustração de Letícia Machado

REFERÊNCIAS

...AS PESSOAS respirassem debaixo d'água? *Superinteressante*, 2016. Disponível em: https://super.abril.com.br/ideias/as-pessoas-respirassem-debaixo-dagua. Acesso em: 1 fev. 2014.

56-YEAR-OLD freediver holds breath for almost 25 minutes breaking Record. *Guinness World Records*, 2021. Disponível em: https://www.guinnessworldrecords.com/news/2021/5/freediver-holds-breath-for-almost-25-minutes-breaking-record-660285. Acesso em: 1 jan. 2024.

A ENERGIA dos raios pode ser aproveitada? *Superinteressante*, 2020. Disponível em: https://super.abril.com.br/mundo-estranho/a-energia-dos-raios-pode-ser-aproveitada. Acesso em: 1 jan. 2024.

A VIDA sob pressão. *Superinteressante*, 2016. Disponível em: https://super.abril.com.br/ciencia/a-vida-sob-pressao. Acesso em: 1 fev. 2024.

ÂNGELIS, R. 4 espécies da Amazônia que você provavelmente não conhece. *Universidade da Amazônia*, 2018. Disponível em: https://www.unama.br/noticias/4-especies-da-amazonia-que-voce-provavelmente-nao-conhece#:~:text=O%20termo%20que%20lhe%20deu,%2C%20pixundu%20ou%20peixe-elétrico. Acesso em: 2 fev. 2024.

AQUAMAN. Direção: James Wan. Estados Unidos: Warner Bros. Pictures, 2018. 1 DVD (143 min.)

AVENGERS: Age Of Ultron. Direção: Joss Whedon. Estados Unidos: Walt Disney Studios, 2015. 1 DVD (141 min.)

BIOMECÂNICA nos jogos olímpicos- lançamento do martelo. *Blog da Sociedade Brasileira de Biomecânica*, 2016. Disponível em: http://biomecanicabrasil.blogspot.com/2016/08/biomecanica-nos-jogos-olimpicos_15.html#:~:text=As%20velocidades%20escalares%20alcan%C3%A7adas%20nos,o%20martelo%20durante%20os%20giros. Acesso em: 1 jan. 2024.

BLACK Panther: Wakanda Forever. Direção: Ryan Coogler. Estados Unidos: Walt Disney Studios, 2022. 1 DVD (162 min.)

CALBETE, N. O.; GAN, M.; SATYAMURTY, P. Vórtices Ciclônicos Da Alta Troposfera Que Atuam Sobre A Região Nordeste Do Brasil. *INPE*, 2016. Disponível em: http://climanalise.cptec.inpe.br/~rclimanl/boletim/cliesp10a/dock.html. Acesso em: 1 fev. 2024.

CAN humans fly like birds? *School of Engineering*, 2010. Disponível em: https://engineering.mit.edu/engage/ask-an-engineer/can-humans-fly-like-birds/. Acesso em: 1 jan. 2024.

CIENTISTAS descobrem como a eletricidade move-se através das células. *Inovação Tecnológica*, 2010. Disponível em: https://www.inovacaotecnologica.com.br/noticias/noticia.php?artigo=como-eletricidade-move-se-atraves-celulas&id=010815100315. Acesso em: 2 fev. 2014.

COELHO, R. A *Física e os Super-Heróis Vol. 1*. Curitiba: Editora Appris, 2023.

COELHO, R. *A Física e os Super-Heróis Vol. 2*. Curitiba: Editora Appris, 2023.

COLEÇÃO Clássica Marvel Vol. 10 - Homem-Aranha Vol. 2. São Paulo: Panini, 2021.

COMO as aves voam. Unesp, [2024]. Disponível em: https://www2.ibb.unesp.br/Museu_Escola/Ensino_Fundamental/Animais_JD_Botanico/aves/aves_biologia_geral_voo.htm#:~:text=A%20ave%20cria%20a%20força,só%20para%20manter%20a%20altura. Acesso em: 1 jan. 2024.

COMO funcionam os novos maiôs usados na natação? *Superinteressante*, 2008. Disponível em: https://super.abril.com.br/mundo-estranho/como-funcionam-os-novos-maios-usados-na-natacao/. Acesso em: 1 jan. 2024.

CONSERVAÇÃO de momento linear de sistemas de massa variável. Leis da Conservação, [2024]. Disponível em: https://propg.ufabc.edu.br/mnpef-sites/leis-de-conservacao/conservacao-de-momento-linear-de-sistemas-de-massa-variavel/. Acesso em: 1 jan. 2024.

CROSTA de estrela é 10 bilhões de vezes mais forte que o aço, diz estudo. *BBC Brasil*, 2009. Disponível em: https://www.bbc.com/portuguese/noticias/2009/05/090514_estrelaresistentefn. Acesso em: 1 jan. 2024.

ENTENDA o que acontece no corpo em mergulhos de alta profundidade. Globo Ciências, 2012. Disponível em: http://redeglobo.globo.com/globociencia/noticia/2012/09/entenda-o-que-acontece-no-corpo-em-mergulhos-de-alta-profundidade.html. Acesso em: 1 de fev. 2024.

FINALLY, Science Explains Why No One Can Lift Thor's Hammer. *Wired*, 2014. Disponível em: https://www.wired.com/2014/11/can-hulk-lift-thors-hammer/. Acesso em: 1 jan. 2024.

GLEISER, Marcelo. *O fim da terra e do céu*: o apocalipse na ciência e na religião. São Paulo: Cia das Letras, 2011.

GOOD Question: Could humans fly if we had wings? *East Idaho News*, 2017. Disponível em: https://www.eastidahonews.com/2017/05/good-question-humans-fly-wings/#:~:text=%E2%80%9CAs%20an%20organism%20grows%2C%20its,be%20too%20heavy%20to%20function.%E2%80%9D. Acesso em: 1 jan. 2024.

HORNES. K. L. (org.). *Tornados no Brasil*. Ponta Grossa: Toda Palavra, 2022.

HOUARD, A.; WALCH, P.; PRODUIT, T. Laser-guided lightning. *Nature*, [*s. l.*], v. 17, p. 231-235, 2023. Disponível em: https://doi.org/10.1038/s41566-022-01139-z. Acesso em: 2 fev. 2024.

JOHNSON, G. D.; ROSENBLATT, R. H. Mechanisms of light organ occlusion in flashlight fishes, family Anomalopidae (Teleostei: Beryciformes), and the evolution of the group. *Zoological Journal of the Linnean Society*, v. 94, Issue 1, p. 65-96, 1988. Disponível em: https://doi.org/10.1111/j.1096-3642.1988.tb00882.x. Acesso em: 1 fev. 2014.

LEITE, F. P. *Por dentro da gaiola de Faraday*: Estudos e ideias sobre a estrutura da matéria (1836-1838). 2012. Dissertação (Mestrado em História da Ciência) – Pontifícia Universidade Católica de São Paulo, São Paulo, 2012.

MEDEIROS, A. As Origens Históricas do Eletroscópio. *Revista Brasileira de Ensino de Fisica*, [*s. l.*], v. 24, n. 3, 2002.

MIRON, A. J. M. *A fisica da natação*. 2009. Monografia (Curso de Licenciatura em Física) – Universidade Federal do Rio de Janeiro, 2009.

MONTEZUMA, P. D. *Caracterização do acoplamento fisico-biológico causados por ondas de Rossby baroclínicas*. 2007. Dissertação (Mestrado em Ciências) – Instituto Oceanográfico da Cidade de São Paulo, São Paulo, 2007.

NOGUEIRA, F. The Use of Finite-Element Based Programs in the Study of Atmospheric Phenomena. *Ieee Latin America Transactions*, [*s. l.*], v. 11, n. 2, p. 779-784, 2013.

O POVO asiático que evoluiu um órgão do corpo para mergulhar melhor. *BBC Brasil*, 2018. Disponível em: https://www.bbc.com/portuguese/geral-43868305. Acesso em: 1 fev. 2024.

OSMAR, Pinto Jr.; PINTO, Iara de Almeida. Relâmpagos. São Paulo: Editora Brasiliense, 2008.

PIRES, G. R.; CASTRO, I. F. A. O uso do personagem de história em quadrinho super choque como ferramenta de ensino para conteúdos de biologia e física no ensino médio. *Ensino de Ciências e Tecnologia em Revista*, [*s. l.*], v. 13, n. 2, p. 96-112, maio/ago. 2023.

POR que sentimos calor com 30°C se a nossa temperatura corporal é de 36°C? *Meteored – Tempo.com*. [2024]. Disponível em: https://www.tempo.com/noticias/ciencia/por-que-sentimos-calor-com-30-c-se-a-nossa-temperatura-corporal-e--de-36-c-saude-clima.html. Acesso em: 1 fev. 2014.

QUÃO poderoso é o Aquaman? *Ciência Hoje*, 2020. Disponível em: https://cienciahoje.org.br/artigo/quao-poderoso-e-o-aquaman/. Acesso em: 1 jan. 2024.

QUILLFELDT, J. A. *Origem Dos Potenciais Elétricos Das Células Nervosas*. Porto Alegre: URGS. 2005. Disponível em: https://www.ufrgs.br/mnemoforos/arquivos/potenciais2005.pdf. Acesso em: 2 fev. 2024.

RAMOS, R. J.; MARTHE, V. R.; NOVAIS, M. L.; ROUBOA, A. I.; SILVA, A. J.; MARINHO, D. A. O efeito da profundidade no arrasto hidrodinâmico durante o deslize em natação. *Motricidade*, [*s. l.*], v. 8, n. S1, p. 57-65, 2012.

RESPIRE embaixo d'água com o "cristal do Aquaman". *Exame*, 2015. Disponível em:https://exame.com/ciencia/respire-embaixo-d-agua-com-o-cristal-do-aquaman/. Acesso em: 1 jan. 2024.

SANTOS, D. Guia prático dos mamíferos aquáticos. *Museu de Zoologia da USP*, 2020. Disponível em: https://mz.usp.br/wp-content/uploads/2020/10/Guia-de--Mamíferos-Aquáticos-PARTE-II.pdf. Acesso em: 1 fev. 2024.

SHVEDOV, V.; PIVNEV, E.; DAVOYAN, A. R. Optical beaming of electrical discharges. *Nature*, [*s. l.*], v. 11, 5306, 2020. Disponível em: https://doi.org/10.1038/s41467-020-19183-0. Acesso em: 2 fev. 2024.

SPIDERS Spin Electric Web. *Science*, 2014. Disponível em: https://www.science.org/content/article/video-spiders-spin-electric-web#:~:text=Search,-Loading...&tex-

t=Spiders%20are%20amazing%20architects%20of,silk%20that%20efficiently%20conducts%20electricity. Acesso em: de fev. 2024.

STATIC Shock. Direção: Denis Cowan, Joe Sichta e Dave Chlystek. Estados Unidos: Warner Bros, 2000-2004.

STEVEN, E.; SALEH, W.; LEBEDEV, V. Carbon nanotubes on a spider silk scaffold. *Nature*, 2013. Disponível em: https://doi.org/10.1038/ncomms3435. Acesso em: 2 fev. 2024.

SUNDBERG, J.; CAMERON, L. J.; SOUTHON, P. D.; KEPERT, C. J.; McKENZIE, C. J.; Oxygen chemisorption/desorption in a reversible single-crystal-to-single--crystal transformation. *Chemical Science*, [*s. l.*], v. 5, 4017-4025, 2015. Disponível em: https://pubs.rsc.org/en/content/articlelanding/2014/SC/C4SC01636J. Acesso em: 1 fev. 2024.

TEMPERATURA dos Oceanos. *MAPTOLAB*. Disponível em: http://www.mares.io.usp.br/iof201/c2.html. Acesso em: 1 fev. 2024.

THE AMAZING Spider-Man 2: Rise of Electro. Direção: Avi Arad e Matt Tolmach. Estados Unidos: Columbia Pictures, 2014. 1 DVD (142 min).

THOR. Direção: Kenneth Branagh. Estados Unidos: Paramount Pictures, 2011. 1 DVD (114 min).

TIPLER, P.; MOSCA, G. *Fisica para cientistas e engenheiros, Vol. 1.* Rio de Janeiro: LTC, 2009.

WALKER, J. *O circo voador da fisica*. 2. ed. Rio de Janeiro: LTC, 2012.

WING loading. *Science Learning Hub*, 2011. Disponível em: https://www.science-learn.org.nz/resources/301-wing-loading. Acesso em: 1 jan. 2024.

X-MEN: THE LAST STAND. Direção: Brett Ratner. Estados Unidos: 20th Century Fox, 2006. 1 DVD (104 min.)